DIE GRUNDLEHREN DER MATHEMATISCHEN WISSENSCHAFTEN

IN EINZELDARSTELLUNGEN MIT BESONDERER BERÜCKSICHTIGUNG DER ANWENDUNGSGEBIETE

HERAUSGEGEBEN VON

W. BLASCHKE · R. GRAMMEL · E. HOPF · F. K. SCHMIDT
B. L. VAN DER WAERDEN

BAND LIV

TABELLEN ZUR LAPLACE-TRANSFORMATION UND ANLEITUNG ZUM GEBRAUCH

VON

G. DOETSCH

SPRINGER-VERLAG BERLIN HEIDELBERG GMBH

1947

TABELLEN ZUR LAPLACE-TRANSFORMATION

UND

ANLEITUNG ZUM GEBRAUCH

VON

PROFESSOR DR. G. DOETSCH

MIT 9 FIGUREN

SPRINGER-VERLAG BERLIN HEIDELBERG GMBH

1947

ISBN 978-3-642-52792-0   ISBN 978-3-642-52791-3 (eBook)
DOI 10.1007/978-3-642-52791-3

Vorwort.

Die Laplace-Transformation, die in viele mathematische Gebiete
als wirksames Instrument eingreift, erfreut sich seit etwa zwei Jahr-
zehnten besonders als Hilfsmittel zur Lösung von gewöhnlichen und
partiellen Differentialgleichungen einer wachsenden Wertschätzung.
Bei den Praktikern, d. h. den mit mathematischen Hilfsmitteln arbeiten-
den Ingenieuren, hat die von ihr gelieferte Methode deshalb rasch Eingang
gefunden, weil sie mit dem hauptsächlich von den Elektrotechnikern
wegen seiner formalen Einfachheit viel benutzten ,,Heaviside-Kalkül"
eng zusammenhängt. Während aber dieser nicht begründet war und
nur auf heuristischen Erwägungen beruhte, bietet die Methode der
Laplace-Transformation völlige Sicherheit und geht überdies weit über
den ,,Heaviside-Kalkül" hinaus, ohne ihm hinsichtlich Einfachheit
und Zwangsläufigkeit der Handhabung nachzustehen.

Die Methode selbst ist in den letzten Jahren mehrfach in Buch-
form dargestellt worden (siehe den Literaturnachweis zu Beginn des
I. Teiles). Um aber schnell und zuverlässig mit ihr arbeiten zu können,
braucht man ein umfangreiches Verzeichnis von Funktionen mit ihren
zugehörigen Laplace-Transformierten, also von sogenannten ,,Korrespon-
denzen". Ein solches will die vorliegende Veröffentlichung in ihrem
II. Teil bieten.

Die Sammlung ist die bisher umfangreichste ihrer Art und enthält
fast 800 Korrespondenzen. Maßgebend für das Abstecken ihrer Grenzen
war immer der Gesichtspunkt der praktischen Brauchbarkeit. Dieser
war auch bestimmend dafür, daß manchmal neben einer allgemeinen
Formel noch Spezialfälle aufgeführt wurden. — Durch Anwendung
der unter der Überschrift ,,Operationen" angegebenen Regeln kann man
aus den Korrespondenzen der Tabellen beliebig viele weitere ableiten.

Ein wesentlicher Unterschied gegenüber den bisherigen Tabellen
liegt darin, daß nach den Transformierten (den ,,Unterfunktionen")
geordnet ist, und zwar deshalb, weil man bei der Lösung von Differentialgleichungen immer vor der Aufgabe steht, zu einer Transformierten die
Ausgangsfunktion (die ,,Oberfunktion") zu finden. Das hinter den
Tabellen befindliche Register der Oberfunktionen, das gleichzeitig
deren Definitionen enthält, ermöglicht es, auch umgekehrt leicht zu
einer gegebenen Oberfunktion die Unterfunktion zu bestimmen.

In den Tabellen sind keine Angaben über die Herkunft der einzelnen
Korrespondenzen gemacht, da sich der erste Ort des Auftretens häufig

nicht mit Sicherheit bestimmen läßt und überdies die Herkunft einer Formel den Praktiker höchstens dann interessiert, wenn er die Ableitung nachlesen will. Vielleicht bietet sich unter günstigeren Zeitumständen bei einer späteren Auflage Gelegenheit, für die schwieriger zu beweisenden Korrespondenzen Literaturstellen anzugeben.

Um Differentialgleichungen mit der Laplace-Transformation lösen und die Tabellen anwenden zu können, muß man einige wenige Eigenschaften der Transformation und gewisse fundamentale Rechenregeln für sie kennen. Diese sind im I. Teil zusammengestellt und an Beispielen erläutert, so daß derjenige, der keines der Bücher über die Laplace-Transformation durchstudiert hat, hier für den praktischen Gebrauch das Nötige finden kann. Aber auch ein Leser dieser Bücher wird die immer wieder benötigten Rechenregeln gern in übersichtlicher Gestalt unmittelbar neben den Tabellen zur Hand haben.

Der II. Teil und die Formeln des I. Teiles wurden von Herrn Studienrat Dr. J. Laub mit der Hand geschrieben, wobei ein Schriftbild entstanden ist, das an Deutlichkeit und Schönheit dem normalen Buchsatz nichts nachgibt. Der I. Teil wurde von Fräulein L. Möhle maschinenschriftlich hergestellt. Diesen freundlichen Helfern sei auch an dieser Stelle gedankt.

Die vorliegende Veröffentlichung hat die klassische eindimensionale Laplace-Transformation zum Gegenstand. Es ist geplant, ihr ein entsprechendes Werk über die zwei- und mehrdimensionale Laplace-Transformation, die in der Theorie der Systeme partieller Differentialgleichungen von besonderer Bedeutung ist, folgen zu lassen.

G. Doetsch.

Bitte an die Benutzer der Tabellen.

Sollten in der Praxis Korrespondenzen auftreten, die sich nicht aus denen der Tabellen auf einfache Weise herstellen lassen, so wäre der Verfasser für Mitteilung an folgende Anschrift dankbar:

Prof. Dr. G. Doetsch, (17b) Freiburg i. Br. — Günterstal, Riedbergstraße 8.

Inhaltsverzeichnis.

I. Teil.

Anleitung zum Gebrauch der Laplace-Transformation.

Inhaltsverzeichnis.

II. Teil.

Tabellen zur Laplace-Transformation.

I. TEIL

Anleitung zum Gebrauch

der Laplace-Transformation

§ 1. <u>Definition der Laplace-Transformation</u>

Literaturnachweis

Rechnet man ein bestimmtes Integral aus, z.B. $\int_0^\pi \sin t\, dt$, so erhält man eine Zahl, in diesem Fall die Zahl 2. Hängt jedoch die zu integrierende Funktion noch von einem Parameter ab, handelt es sich also z.B. statt um sin t um sin α t, so wird auch der ausgerechnete Integralwert von dem Parameter abhängen, z.B.

$$\int_0^\pi \sin\alpha t\, dt = \frac{1-\cos\alpha\pi}{\alpha} \qquad (\alpha \neq 0)$$

Steht unter dem Integral außer sin αt noch eine andere Funktion: $\int_0^\pi \sin\alpha t\, F(t)\, dt$, so bekommt man für jede eingesetzte Funktion F(t) einen anderen Parameterausdruck, z.B.

$$\int_0^\pi \sin\alpha t\,\cos t\, dt = \frac{\alpha}{\alpha^2-1} - \frac{\cos(\alpha+1)\pi}{2(\alpha+1)} - \frac{\cos(\alpha-1)\pi}{2(\alpha-1)} \qquad (\alpha \neq \pm 1)$$

oder

$$\int_0^\pi \sin\alpha t \cdot t\, dt = \frac{\sin\alpha\pi}{\alpha^2} - \pi\frac{\cos\alpha\pi}{\alpha} \qquad (\alpha \neq 0) .$$

Nun ist "Parameter" im Grunde nichts weiter als ein anderes Wort für "Variable". Auf der rechten Seite steht daher etwas, was von einer Variablen abhängt, mit anderen Worten eine Funktion. Zu jeder links eingesetzten Funktion F(t) bekommen wir rechts eine Funktion $f(\alpha)$.

Von dieser Art ist das sogenannte <u>Laplace-Integral</u>, das in vielen mathematischen Gebieten eine Rolle spielt:

$$\int_0^\infty e^{-st} F(t)\, dt = f(s) .$$

§ 1. Definition der Laplace-Transformation.   Literaturnachweis

Für den Parameter hat sich bei diesem Integral in der Mathematik seit langem der Buchstabe s eingebürgert, den auch wir beibehalten wollen[1].

Einige Beispiele:

1)
$$\int_0^\infty e^{-st}\,1\,dt = -\frac{e^{-st}}{s}\Big|_0^\infty = \frac{1}{s}\ ,$$

wenn s reell und > 0 oder s komplex und $\mathcal{R}\,s > 0$ ist, denn nur dann strebt e^{-st} für $t \to \infty$ gegen 0.

2)
$$\int_0^\infty e^{-st} e^{\alpha t}\,dt = -\frac{e^{-(s-\alpha)t}}{s-\alpha}\Big|_0^\infty = \frac{1}{s-\alpha}\ ,$$

wenn im Fall reeller Größen $s - \alpha > 0$ oder bei komplexen Größen $\mathcal{R}\,(s - \alpha) > 0$ ist.

Zu jeder Funktion $F(t)$, für die sich das Integral bilden läßt[2], wird durch das Laplace-Integral eine Funktion $f(s)$ definiert. Den Akt der Herstellung der Funktion $f(s)$ aus der Funktion $F(t)$ (vermittels Ausrechnung des Integrals) denkt man sich gern auch als eine "Überführung" der einen Funktion in die andere, als eine "Transformation". Daher spricht man statt von Laplace-Integral auch von <u>Laplace-Transformation</u> und nennt $f(s)$ die Laplace-Transformierte von $F(t)$.

Diese Transformation ist ein sehr wirksames Hilfsmittel bei der Integration von Differentialgleichungen und wird insbesondere von Elektrotechnikern heute schon stark benutzt. Wie jeder weiß, der mit diesem Hilfsmittel schon gearbeitet hat, ist es wichtig, daß man eine möglichst große Anzahl von zusammengehörigen Paaren $F(t)$, $f(s)$ kennt. Bei Differentialgleichungen ist es nämlich so,

---

[1] Der Grund hierfür ist in Fußnote 8) S.6 angegeben. Manche Autoren verwenden statt s den Buchstaben p, weil dieser in dem Heaviside-Kalkül, der mit der Laplace-Transformation in einem gewissen Zusammenhang steht (siehe §7,2), üblich ist. - Daß in F die Variable mit t bezeichnet ist, hängt damit zusammen, daß in den Anwendungen diese Variable häufig die Zeit bedeutet.

[2] Nicht für jedes $F(t)$ ist das der Fall. Setzt man z.B. $F(t) = e^{t^2}$, so sieht man sofort, daß e^{t^2} für $t \to \infty$ viel stärker wächst, als e^{-st} abnimmt, wie groß man auch s wählt. Das Integral kann also nicht konvergieren.

§ 1. Definition der Laplace-Transformation. Literaturnachweis

---

daß man zunächst die Laplace-Transformierte f(s) der gesuchten Lösungsfunktion berechnet und nun die hierzu gehörige Funktion F(t)
finden, d.h. die Laplace-Transformation umkehren muß. Kann man wie
in einem Wörterbuch die passende Funktion einfach nachschlagen, so
ist damit die Differentialgleichung fertig gelöst. Im II. Teil wird
eine Zusammenstellung von solchen Paaren geboten, die an Umfang die
bisher vorhandenen Tabellen erheblich übertrifft und übrigens auch
anders als diese angeordnet ist (nach den Funktionen f(s) und nicht
wie die früheren Tabellen nach den F(t)). Um denjenigen, der die
nötigen Vorkenntnisse für die Anwendungen noch nicht besitzt oder
nicht immer gegenwärtig hat, der Mühe zu entheben, in anderen Werken
nachschlagen zu müssen, werden weiter unten die grundlegenden Eigenschaften der Laplace-Transformation, die fortgesetzt gebraucht werden, ohne Beweis zusammengestellt, und dann einige Anwendungsbei-
spiele vorgeführt, an denen man den Gebrauch der Transformation bei
der Lösung von Differentialgleichungen einüben kann.

Sollte sich der Leser für die Beweise und weitergehende theo-
retische Einzelheiten interessieren, so findet er diese in dem zu-
sammenfassenden Buch von D o e t s c h[3] über die Laplace-Transformation, dessen einschlägige Stellen immer angegeben sind. Gute
Einführungen in die praktische Anwendung bei Differentialgleichungen
bieten die kurzen Darstellungen von D r o s t e und S c h u l z
sowie die umfänglichere, mit sehr vielen Beispielen versehene von
W a g n e r[4]. Bei Benutzung des letzteren Buches ist darauf zu

---

[3] G. D o e t s c h : Theorie und Anwendung der Laplace-Transformation. Verlag J. Springer, Berlin 1937, 436 S. Auf dieses Buch
wird in dem vorliegenden Werk immer kurz mit LT und Angabe der
Seitenzahl verwiesen.

[4] H. W. D r o s t e : Die Lösung angewandter Differentialgleichungen mittels Laplacescher Transformation. Verlag E.S.Mittler,
Berlin 1939, 35 S.

H. S c h u l z : Über Wesen, Sinn und Zweck der Laplace-
Transformation (Eine Einführung für den Fernmeldetechniker). Sonder-
druck aus "Telegraphen-, Fernsprech-, Funk- und Fernseh-Technik".
Verlag R. Dietze, Berlin 1941, 43 S.

K. W. W a g n e r : Operatorenrechnung nebst Anwendungen in
Physik und Technik. Verlag J.A. Barth, Leipzig 1940, 448 S.

In diesen Darstellungen ist die Variable s, wie wir S.2
erwähnen, mit p bezeichnet.

§ 1. Definition der Laplace-Transformation. Literaturnachweis

---

achten, daß dort das Laplace-Integral immer noch mit s multipliziert und die so entstehende Funktion mit f bezeichnet ist.

Diese Werke (mit Ausnahme desjenigen von Schulz) enthalten
auch kleinere Tabellen von Laplace-Transformationen. Die bisher
umfangreichste Tabelle ist die von M a c L a c h l a n und
H u m b e r t , eine weitere größere Tabelle ist enthalten in dem
Buch von M a g n u s - O b e r h e t t i n g e r[5].

§ 2. Bezeichnungen

Von zwei zusammengehörigen Funktionen F(t) und f(s) heißt
F die Oberfunktion, f die Unterfunktion[6]. Die Gesamtheit aller
Oberfunktionen heißt Oberbereich, die aller Unterfunktionen Unter-
bereich.

Wenn es nicht die Rücksicht auf historisch überkommene
Funktionszeichen verbietet, wird eine Oberfunktion immer mit einem
großen, die zugehörige Unterfunktion mit dem entsprechenden kleinen Buchstaben bezeichnet, also z.B. F und f, U und u usw.

Noch eine weitere Verabredung erweist sich als praktisch:
Bei den Anwendungen ist es meist garnicht notwendig, immer an den
speziellen Integralausdruck zu denken, der f aus F zu berechnen
gestattet. Das Wesentliche ist, daß jeweils einer Funktion F(t).

---

[5] N. W. M a c L a c h l a n , P. H u m b e r t : Formulaire
pour le calcul symbolique. Verlag Gauthier-Villars, Paris 1941, 65 S.
(Mémorial des sciences mathématiques Nr. 100.) Dieses reine Ta-
bellenwerk enthält zahlreiche Fehler.

W. M a g n u s und F. O b e r h e t t i n g e r :
Formeln und Sätze für die speziellen Funktionen der mathematischen
Physik. Springer-Verlag, Berlin 1943, 172 S.

[6] Diese von Doetsch in seinen früheren Arbeiten gebrauchten
Ausdrücke haben sich in der deutschen Literatur allgemein eingebürgert. In LT ist aus Gründen der Systematik F als $\mathcal{L}$-Funktion,
f als l-Funktion bezeichnet [LT 13,21].

eine Funktion f(s) "zugeordnet" ist. Dieses Prinzip der Zuordnung ist
uns bei einem anderen Begriff völlig geläufig, nämlich bei der Funk-
tion selbst. Wenn wir von der Funktion $y = \varphi(x)$ sprechen, so ist da-
mit gemeint, daß jeweils einem x-Wert ein y-Wert zugeordnet ist. Der
Buchstabe φ in Verbindung mit der Klammer ist ein Symbol für diese
Zuordnung. Ebenso erweist es sich als zweckmäßig, für die durch die
Laplace-Transformation gestiftete Zuordnung ein Symbol einzuführen.
Wir schreiben:

$$f(s) = \mathcal{L}\{F(t)\} .$$

Das ist nicht bloß eine Abkürzung für das umständliche, explizit hingeschriebene Laplace-Integral, sondern drängt den Betrachter in
suggestiver Weise in eine Ideenrichtung, die ihm die Handhabung der
Transformation sehr erleichtert. Sie lenkt von der Vorstellung des
Ausrechnens des Integrals ab und hebt den gedanklichen Zusammenhang
zwischen den beiden Funktionen hervor: Der Funktion F wird durch die
"Operation" $\mathcal{L}$ eine Funktion f "zugeordnet", oder: F wird auf f
"abgebildet", oder: F wird durch die Operation $\mathcal{L}$ in f "transformiert". Das Symbol $\mathcal{L}$ wird uns auch gestatten, die Grundregeln für
die Laplace-Transformation weit übersichtlicher und anschaulicher
anzuschreiben, als wenn wir dazu das explizite Integral benutzen
würden. Wir wollen in der Folge auch immer kurz von $\mathcal{L}$-Transforma-
tion, $\mathcal{L}$-Integral sprechen.

Werden nur sozusagen tabellarisch spezielle zusammengehörige
Funktionen wie z.B. $e^{\alpha t}$ und $\frac{1}{s-\alpha}$ nebeneinandergestellt, wobei noch
zu ersehen sein soll, welche die Ober- und welche die Unterfunktion
ist, so wollen wir zwischen sie das Zeichen $\circ\!\!-\!\!\bullet$ setzen, das dieses
Verhältnis zum Ausdruck bringen soll[7]:

$$e^{\alpha t} \circ\!\!-\!\!\bullet \frac{1}{s-\alpha} \quad , \quad 1 \circ\!\!-\!\!\bullet \frac{1}{s} \quad , \quad F(t) \circ\!\!-\!\!\bullet f(s) .$$

---

[7] Dieses Zeichen wird hiermit allgemein als neues mathemati-
sches Zeichen für "funktionale Zuordnung" oder "Korrespondenz" vor-
geschlagen, auch wenn sie durch andere "Funktionaltransformationen"
zustande kommt. Will man die spezielle Transformation, um die es
sich handelt, z.B. die Laplace-Transformation zum Ausdruck bringen,
so kann man $\circ\!\!\stackrel{\mathcal{L}}{-}\!\!\bullet$ schreiben.

In der außerdeutschen Literatur finden sich für die Zuordnung
durch die $\mathcal{L}$-Transformation die Zeichen $F(t) > f(s)$ und $F(t) \doteq f(s)$.
Das erstere tritt leider schon in anderem Sinn in der Mengenlehre
auf, das letztere hat den Nachteil, symmetrisch zu sein, sodaß es
keinen Hinweis darauf enthält, welche von beiden Funktionen die Ober-
und welche die Unterfunktion ist, was sich besonders dann nachteilig
auswirkt, wenn man die Variablen t und s einmal durch andere Buchstaben bezeichnet.

§ 3. Einige Eigenschaften der Laplace-Transformation

Für manche Anwendungen reicht es aus, sich die Variable s
in dem Integral

$$f(s) = \int_0^\infty e^{-st} F(t)\,dt$$

als reell zu denken. Bei der Lösung von Differentialgleichungen
kommt man aber für gewisse Zwecke nicht darum herum, s als komplexe Variable zu betrachten, was daher in Zukunft auch geschehen
soll.

1. Konvergenzgebiet

Es wurde schon erwähnt, daß es Funktionen F gibt, für die
das $\mathcal{L}$-Integral nicht konvergiert, welchen Wert auch immer man
dem Parameter s erteilt. Wenn es aber s-Werte gibt, für die das
Integral konvergiert, so machen sie stets eine Halbebene aus[8],
die durch eine Vertikale begrenzt ist, deren Punkte ganz, teil-
weise oder gar nicht zu den Konvergenzpunkten gehören. Die Halbebene heißt "Konvergenz-Halbebene", die Vertikale "Konvergenz-
Gerade", ihr Schnittpunkt β mit der reellen Achse "Konvergenz-
Abszisse" [LT 16,17]. In den Beispielen S.2 findet sich die Aus-
sage bestätigt, es handelt sich dort um die Halbebene $\mathcal{R}s > 0$,
bzw. $\mathcal{R}s > \mathcal{R}\alpha$. (Die Halbebene kann zur Vollebene ausarten; so
ist z.B. für $F(t) = e^{-t^2}$ das Integral für alle s konvergent. In
diesem Falle ist $\beta = -\infty$ zu setzen.)

Die Punkte s, wo das Integral sogar absolut konvergiert,

d.h. für die $\int_0^\infty \left| e^{-st} F(t) \right| dt$ konvergiert, erfüllen ebenfalls eine

---

[8] Wenn ein Ausdruck in einer Halbebene konvergiert, pflegen
die Mathematiker die komplexe Variable, statt wie sonst üblich
mit z, mit s zu bezeichnen, so auch bei den sog. Dirichletschen-
Reihen $\sum_{n=0}^{\infty} a_n e^{-\lambda_n s}$. Hieraus erklärt sich die auf den ersten
Blick ungewöhnlich erscheinende Bezeichnung s für die Variable in
f.

Halbebene, die "Halbebene absoluter Konvergenz"; der reelle Punkt ihrer Begrenzungsgeraden heißt "Abszisse absoluter Konvergenz" [LT 15] (α kann auch gleich $-\infty$ sein.) Es ist stets

$$\beta \leq \alpha.$$

2. Grenzwerte

1.) Eine Unterfunktion $f(s)$ strebt für $s \to +\infty$ stets gegen 0 [LT 49]. Damit hat man eine Bedingung, die notwendig erfüllt sein muß, wenn eine Funktion eine Unterfunktion sein soll. So vermag man z.B. sofort zu sagen, daß sin s oder s, s^2, s^3 usw. keine Unterfunktionen sein können. Die Bedingung ist aber nicht hinreichend: Selbst so stark gegen 0 strebende Funktionen wie e^{-s}, e^{-s^2} sind keine Unterfunktionen [LT 143].

2.) Wenn $F(t) \to A$ für $t \to +\infty$, so gilt $s\,f(s) \to A$ für $s \to +0$ [LT 188].

__Warnungstafel:__ Das Umgekehrte gilt nicht immer. Bei dem Paar

$$\cos t \circ\!\!-\!\!\bullet \frac{s}{s^2 + 1} \quad \text{ist } s\,f(s) \to 0 \text{ für } s \to 0,$$

aber $F(t)$ hat für $t \to \infty$ überhaupt keinen Grenzwert.

3.) Wenn $F(t) \to B$ für $t \to +0$, so gilt $s\,f(s) \to B$ für $s \to +\infty$ [LT 200].

__Warnungstafel:__ Das Umgekehrte gilt nicht immer. Bei dem Paar

$$\frac{\cos \frac{1}{t}}{\sqrt{t}} \circ\!\!-\!\!\bullet \sqrt{\frac{\pi}{s}}\, e^{-\sqrt{2s}} \cos \sqrt{2s} \quad \text{ist } s\,f(s) \to 0 \text{ für}$$

$s \to \infty$, während $F(t)$ für $t \to 0$ keinen Grenzwert hat[9].

Richtig dagegen ist sowohl bei 2) als 3) folgendes: Wenn man schon weiß, daß $F(t)$ einen Grenzwert hat, ohne ihn zu kennen, und wenn $s\,f(s)$ einen Grenzwert C besitzt, so muß jener Grenzwert von $F(t)$ gleich C sein.

---

[9] In der technischen Literatur werden häufig gerade die falschen Umkehrungen der Sätze 2.) und 3.) benutzt, was oft zu Fehlern in den Anwendungen geführt hat.

§ 3. Einige Eigenschaften der Laplace-Transformation

3. Die Unterfunktion als analytische Funktion

Während $F(t)$ eine in weiten Grenzen beliebige Funktion sein kann (es muß lediglich das Laplace-Integral für gewisse s konvergieren), die nur für reelle t definiert zu sein braucht und keineswegs analytisch sein muß[10], ist $f(s)$ stets eine analytische Funktion $[LT\ 43]$

Die Unterfunktion ist in ihrer Konvergenzhalbebene analytisch, aber nicht notwendig im Unendlichen (Beispiel: die zu $\dfrac{e^{-\frac{1}{4t}}}{\sqrt{\pi t}}$ gehörige Unterfunktion $\dfrac{e^{-\sqrt{s}}}{\sqrt{s}}$). Eine im Unendlichen analytische Unterfunktion ergibt sich dann und nur dann, wenn $F(t)$ eine ganze Funktion, d.h. eine in der ganzen komplexen Ebene konvergierende Potenzreihe

$$F(t) = \sum_{n=0}^{\infty} \frac{a_n}{n!}\, t^n$$

ist, die eine Abschätzung der Form $|F(t)| \leq A\, e^{a|t|}$ (A, a positive Konstante) für alle komplexen t zuläßt. Nur in diesem Fall ist $\underline{f(s)\text{ als Potenzreihe nach fallenden Potenzen von s darstellbar}}$[11], die aus der Reihe für $F(t)$ durch gliedweise Transformation $\left(t^n \circ\!\!-\!\!\bullet \dfrac{n!}{s^{n+1}}\right)$ hervorgeht $[LT\ 62,65]$:

$$f(s) = \sum_{n=0}^{\infty} \frac{a_n}{s^{n+1}}$$

(ein absolutes Glied kann wegen $f(s) \longrightarrow 0$ für $s \longrightarrow +\infty$ nicht auftreten).

---

[10] Im Gegenteil handelt es sich in den Anwendungen gerade sehr häufig um Funktionen, die in verschiedenen Intervallen durch verschiedene analytische Ausdrücke dargestellt werden, z.B.
$$F(t) = \begin{cases} 0 & 0 \leq t < 1 \\ 1 & \text{für} \quad t \geq 1 \end{cases}.$$

[11] Die Entwickelbarkeit von f nach absteigenden Potenzen von s wird manchmal in technischen Arbeiten auch da angenommen, wo sie nicht zutrifft. Deshalb sei ausdrücklich auf obigen Satz aufmerksam gemacht.

4. Eindeutigkeit der Zuordnung

Zu jeder Oberfunktion gehört eindeutig eine Unterfunktion,
aber nicht umgekehrt $\begin{bmatrix}$ LT 33,34 $\end{bmatrix}$. Bei den Anwendungen auf Differentialgleichungen kommt allerdings zu jeder Unterfunktion f nur
e i n e Oberfunktion F in Frage. Denn für gewöhnlich muß die Funktion F als Lösung einer Differentialgleichung doch differenzierbar,
also auch stetig sein, und zu jedem f existiert höchstens e i n
stetiges F [LT 34]. Es gibt allerdings Fälle, wie z.B. bei der in
der Elektrotechnik so häufig vorkommenden Telegraphengleichung, wo
die Lösungsfunktion nicht durchweg differenzierbar ist und an gewissen Stellen Sprünge aufweist. Dort ist sie aber wenigstens ein-
seitig stetig (so wie die Funktion

$$F(t) = \begin{cases} 0 & 0 \leqq t < 1 \\ & \text{für} \\ 1 & t \geqq 1 \end{cases} \qquad \text{an der Stelle } t = 1 \text{ nach rechts stetig}$$

ist), und das genügt für die Eindeutigkeit auch schon [LT 34].

5. Umkehrformel

Der Zusammenhang zwischen F und f wird durch die $\mathcal{L}$-Trans-
formation nur in e i n e r Richtung gegeben: Zu der Oberfunktion F
wird die Unterfunktion f bestimmt. In den Anwendungen braucht man
sehr häufig das Umgekehrte, aber leider existiert hierfür keine
universell geltende Formel. Es gibt jedoch eine ganze Reihe von
"Umkehrformeln", die jeweils für gewisse Klassen von Ober- bzw. Unterfunktionen gültig sind [LT 87-146]. Die weitaus wichtigste ist
die sogenannte komplexe Umkehrformel

$$F(t) = \frac{1}{2\pi i} \int_{x-i\infty}^{x+i\infty} e^{ts} f(s)\, ds$$

bei der das Integral über eine Vertikale mit der Abszisse x in
der Konvergenzhalbebene von f(s) zu erstrecken ist. Die Frage, wann
diese Formel mit Sicherheit brauchbar ist, läßt sich nur mit eini-
ger Umständlichkeit behandeln. Verhältnismäßig einfach liegt der
Fall, wenn man schon im voraus weiß, daß f(s) durch $\mathcal{L}$-Transfor-
mation aus einer Funktion F(t) entstanden ist [LT 105]. Das ist

§ 3. Einige Eigenschaften der Laplace-Transformation

aber in den wenigsten Fällen bekannt. Viel gewonnen wäre schon,
wenn man einer Funktion auf einfache Weise ansehen könnte, ob sie
Unterfunktion ist. Aber auch dies ist ein sehr schwieriges Problem
[LT 123-128] . In der Praxis kann man so vorgehen: Stößt man auf
eine Funktion, von der man annimmt, daß sie eine Unterfunktion
sei, so setzt man sie in die Umkehrformel ein, wobei man als Integrationsweg irgend eine Vertikale im Regularitätsgebiet von f(s)
nimmt. Konvergiert das Integral nicht (auch nicht bei Verschiebung des Integrationsweges), so ist mit der Formel nichts anzu-
fangen. Konvergiert aber das Integral, so rechnet man es aus und
stellt dann fest, ob die so gewonnene Funktion, der $\mathcal{L}$-Transfor-
mation unterworfen, wirklich die Funktion f(s) liefert. Läßt man
diese Vorsichtsmaßregel außer acht, wie es in der technischen
Literatur fast immer geschieht, kann man leicht zu falschen Resultaten kommen [LT 89] , wofür S.53 ein Beispiel gegeben wird.

B e m e r k u n g e n :

1) Das komplexe Integral ist so auszurechnen, daß man es zunächst längs eines endlichen Stückes der Vertikalen, also von
x - iω   bis x + iω , erstreckt und dann ω gegen +∞ wandern
läßt. Die Vertikale ist so zu wählen, daß alle Singularitäten von
f(s) links davon liegen. In diesem Rahmen kann sie beliebig angenommen werden, d.h. das Integral ist von x unabhängig.

2) Ist F(t) an einer Stelle t nicht stetig, hat es aber
Grenzwerte von rechts und links (die man üblicher Weise mit
F(t+0) und F(t-0) bezeichnet), so liefert das Integral den Mittel-
wert $\dfrac{F(t+0) + F(t-0)}{2}$.

3) Ist f(s) tatsächlich die Unterfunktion von F(t), so ist
das Integral für alle negativen t gleich 0 [LT 104,105] . Da infolgedessen für t = 0 der Grenzwert von links gleich 0 ist, liefert das Integral gemäß Bemerkung 2) für t = 0 den Wert $\dfrac{F(+0)}{2}$.

Die Umkehrformel lautet also vollständig eigentlich so:

$$\lim_{\omega \to \infty} \frac{1}{2\pi i} \int_{x-i\omega}^{x+i\omega} e^{ts} f(s)\,ds = \begin{cases} \dfrac{F(t+0) + F(t-0)}{2} & \text{für } t > 0 \\[2em] \dfrac{F(+0)}{2} & \text{für } t = 0 . \end{cases}$$

§ 3. Einige Eigenschaften der Laplace-Transformation

Da die komplexe Umkehrformel ein Kurvenintegral über eine
analytische Funktion darstellt, kann man hierauf die Methoden der
komplexen Funktionentheorie anwenden und vor allem zur Ausrechnung
die sogenannte Residuenrechnung heranziehen. In dem Fall, daß F die
Lösung einer Differentialgleichung ist, ist die Darstellung dieser
Lösung durch ein komplexes Integral und die Auswertung durch Residuenrechnung in den Kreisen der Techniker unter dem Namen "funktionentheoretische Methode" bekannt. Näheres siehe § 7,1.

§ 4. Die Regeln für das Rechnen mit der Laplace-Transformation

Die Anwendung der $\mathcal{L}$-Transformation geschieht in der Weise,
daß man anstelle der Funktionen, mit denen man eigentlich rechnen
sollte, mit ihren Unterfunktionen arbeitet, so etwa wie man beim
Multiplizieren statt mit den Zahlen selber mit gewissen ihnen zuge-
ordneten Werten, ihren Logarithmen, rechnet. Den ganzen Vorgang
kann man sich wie die Übersetzung von einer Sprache in eine andere
vorstellen: Gleich wie jedem Wort ein anderes Wort entspricht, so
entspricht hier jeder Funktion F eine andere Funktion f. Die Tabelle der Laplace-Transformationen vertritt die Rolle des Wörter-
buches, wie schon früher gesagt wurde. Um aber einen ganzen Satz
übersetzen zu können, genügt es nicht, die Übersetzung der einzelnen Worte zu kennen, sondern man muß auch wissen, wie die gramma-
tikalischen Bildungen der einen Sprache, die mehrere Worte miteinander verknüpfen, in der anderen wiederzugeben sind, so wie es ja
auch nicht genügt, daß man zu jeder Zahl ihren Logarithmus kennt,
d.h. über eine Logarithmentafel verfügt, sondern man auch wissen
muß, daß z.B. dem Multiplizieren zweier Zahlen die Addition ihrer
Logarithmen entspricht. In unserem Fall heißt das: Wenn in dem
einen Funktionenbereich, z.B. im Oberbereich, mehrere Funktionen
miteinander gekoppelt werden, z.B. $\vee$ Multiplikation, was entspricht
dann diesem Prozeß in dem anderen Funktionsbereich? Oder wenn man
an einer Funktion eine Veränderung vornimmt, also sie etwa integriert oder differenziert, was geht dann an der ihr entsprechenden
Funktion vor? Wie spiegelt sich jener Prozeß an der entsprechenden
Funktion wider? Man braucht also nicht nur eine Übersetzung der

§ 4. Die Regeln für das Rechnen mit der Laplace-Transformation

einzelnen Funktionen, sondern auch der an ihnen ausgeübten Operationen. Diese Übersetzung findet man natürlich, indem man auf die
explizite Darstellung der $\mathcal{L}$-Transformation durch ein Integral
zurückgeht und damit rechnet. Will man beispielsweise wissen, wie
sich die Differentiation der Oberfunktion F(t) an der Unterfunktion f(s) widerspiegelt, so muß man $\mathcal{L}\{F'\}$ hinschreiben und versuchen, dies mit $\mathcal{L}\{F\}$ in Beziehung zu setzen. Dazu bietet sich
von selbst das Hilfsmittel der partiellen Integration an:

$$\mathcal{L}\{F'\} = \int_0^\infty e^{-st} F'(t)\,dt - e^{-st} F(t)\Big|_0^\infty + s\int_0^\infty e^{-st} F(t)\,dt \ .$$

Wenn $\mathcal{L}\{F'\}$ für ein reelles s > 0 konvergiert, so läßt sich zeigen $[\text{LT } 153]$, daß $e^{-st} F(t) \to 0$ für $t \to \infty$. Auf der rechten Seite
bleibt also außer dem Integral nur das der unteren Grenze t = 0
entsprechende Glied stehen, und man erhält:

$$\mathcal{L}\{F'\} = s\,\mathcal{L}\{F\} - F(0)$$

oder anders ausgedrückt:

$$F'(t) \circ\!\!-\!\!\bullet s f(s) - F(0) \ .$$

Das heißt: Dem transzendenten und komplizierten Prozeß der Differentiation an der Oberfunktion entspricht ein ganz elementarer
und höchst einfacher Prozeß an der Unterfunktion, sie wird nämlich nur mit der Variablen s multipliziert, und außerdem wird die
Konstante F(0) subtrahiert. Auf dieser Tatsache beruht, wie in
§ 5 und § 6 gezeigt wird, die Anwendbarkeit der $\mathcal{L}$-Transformation
im Bereich der Differentialgleichungen.

Wir lassen nun systematisch die Abbilder derjenigen Operationen, die man in den Anwendungen braucht, folgen $[\text{LT } 146 - 174]$
und benutzen als Überschriften die schlagwortartigen Namen der
Regeln, die sich in der technischen Literatur eingebürgert haben.
Was die Bezeichnung in den Formeln angeht, so ist immer als
selbstverständlich vorausgesetzt, daß zu F die Funktion f, zu F_1
die Funktion f_1 usw. gehört.

§ 4. Die Regeln für das Rechnen mit der Laplace-Transformation

Die Formeln können von links nach rechts, aber (unter Einhaltung der Gültigkeitsbedingungen) auch umgekehrt gelesen werden, z.B. die Regel II kann man so aussprechen: Wenn zu der Oberfunktion F die Unterfunktion f gehört, so entspricht $F(a\,t)$ der Funktion $\frac{1}{a}\,f(\frac{s}{a})$, oder: Wenn zu der Unterfunktion f die Oberfunktion F gehört, so entspricht $\frac{1}{a}\,f(\frac{s}{a})$ der Funktion $F(a\,t)$.

I. Additionssatz

$$\mathcal{L}\{c_1 F_1 + c_2 F_2\} = c_1 \mathcal{L}\{F_1\} + c_2 \mathcal{L}\{F_2\} \qquad (c_1, c_2 \ konstant)$$

oder

$$\boxed{c_1 F_1 + c_2 F_2 \,\circ\!\!-\!\!\bullet\, c_1 f_1 + c_2 f_2}$$

Entsprechend für endlich viele Summanden.

<u>Warnungstafel</u>: Für unendlich viele Summanden gilt diese Regel nicht ohne weiteres.

II. Ähnlichkeitssatz

Es gilt $\boxed{\text{LT } 147}$:

$$\mathcal{L}\{F(at)\} = \tfrac{1}{a} f(\tfrac{s}{a}) \qquad\qquad \text{für}\quad a > 0$$

oder

in anderer Form:

$$\boxed{\begin{aligned} F(at) &\,\circ\!\!-\!\!\bullet\, \tfrac{1}{a} f(\tfrac{s}{a}) \qquad (a > 0) \\[2mm] \tfrac{1}{b} F(\tfrac{t}{b}) &\,\circ\!\!-\!\!\bullet\, f(bs) \qquad (b > 0) \end{aligned}}$$

Der Ähnlichkeitssatz gilt auch für komplexes a, wenn folgende Voraussetzungen erfüllt sind:

1) $F(t)$ ist analytisch im Innern des Winkelraumes zwischen der positiven reellen Achse und dem Strahl von 0 nach a, sowie auf den Schenkeln stetig.

§ 4. Die Regeln für das Rechnen mit der Laplace-Transformation

2) Es gibt zwei reelle positive Konstante C und c, sodaß

$$|F(t)| \leqq C\, e^{c|t|}$$

in dem Winkelraum ist.

III. <u>Verschiebungssatz</u>

Es sei

$$F_1(t) = \begin{cases} F(t - b) & \text{für } t \geqq b \\ 0 & \text{für } 0 \leqq t < b \end{cases} \qquad (b > 0).$$

(Die die Funktion F(t) darstellende Kurve wird um b nach rechts verschoben, in der hierdurch entstehenden Lücke zwischen 0 und b wird die Funktion gleich 0 gesetzt.) Dann ist $\left[\text{LT } 148\right]$

$$\mathcal{L}\{F_1\} = e^{-bs}\,\mathcal{L}\{F\}$$

Anders ausgedrückt: Wird die Funktion F für negative Werte der Variablen, wo sie bisher nicht definiert war, gleich 0 gesetzt, so gilt:

$$\boxed{F(t-b) \;\circ\!\!-\!\bullet\; e^{-bs} f(s) \qquad (b>0)}$$

<u>Warnungstafel</u>: 1) Besonders wenn man diese Regel von rechts nach links liest, darf man nicht vergessen, ausdrücklich festzulegen, daß F(t-b) für alle t links von b den Wert 0 haben soll.

2) Die Regel darf nicht für negative b in Anspruch genommen werden. Der Vollständigkeit halber sei die hierfür geltende Formel angeben:

$$\mathcal{L}\{F(t+b)\} = e^{bs}\left(f(s) - \int_0^b e^{-st} F(t)\,dt\right) \qquad \text{für } b>0$$

§ 4. Die Regeln für das Rechnen mit der Laplace-Transformation

IV. Dämpfungssatz

Es gilt $\left[\text{LT } 148\right]$:

$$\mathcal{L}\{e^{-\gamma t}F(t)\} = f(s+\gamma) \quad \text{für beliebiges komplexes } \gamma$$

oder

$$\boxed{e^{-\gamma t}F(t) \;\circ\!\!-\!\!\bullet\; f(s+\gamma)}$$

Hieraus folgt für die Differenzenbildung an der Unterfunktion mit der Spanne γ :

$$\boxed{(e^{-\gamma t}-1)F(t) \;\circ\!\!-\!\!\bullet\; f(s+\gamma) - f(s) = \Delta f(s)}$$

V. Differentiationssatz für die Oberfunktion

Wenn $\mathcal{L}\{F'\}$ für einen reellen Wert $s_0 > 0$ (und damit für $\Re s > s_0 > 0$) existiert, so existiert auch $\mathcal{L}\{F\}$ für $\Re s > s_0 > 0$ $\left[\text{LT } 152\right]$, d.h. wenn F' eine Unterfunktion besitzt, so auch F. Das Umgekehrte ist nicht immer der Fall. So existiert z.B. $\mathcal{L}\{\log t\}$, aber $\mathcal{L}\{\frac{1}{t}\}$ nicht, weil $\frac{1}{t}$ nicht in den Nullpunkt hinein integriert werden kann, auch nicht nach Multiplikation mit e^{-st} . Im folgenden ist daher immer vorauszusetzen, daß die höchste vorkommende Ableitung eine Unterfunktion besitzt; daraus folgt dann, daß die niedrigeren Ableitungen bis zur Funktion (Ableitung "nullter Ordnung") selbst hinunter Unterfunktionen besitzen. Alle Beziehungen gelten, wenn die Konvergenzhalbebene sich über die imaginäre Achse nach links erstreckt, nur in dem rechts davon liegenden Teil $\left[\text{LT } 152\text{-}154\right]$.

§ 4. Die Regeln für das Rechnen mit der Laplace-Transformation

Der Differentiationssatz lautet:

$$\mathcal{L}\{F'\} = s\,\mathcal{L}\{F\} - F(0)$$

$$\mathcal{L}\{F''\} = s^2\,\mathcal{L}\{F\} - F(0)s - F'(0)$$

$$\dots\dots\dots\dots\dots\dots\dots\dots\dots\dots\dots\dots$$

$$\mathcal{L}\{F^{(n)}\} = s^n\,\mathcal{L}\{F\} - F(0)s^{n-1} - F'(0)s^{n-2} - \dots - F^{(n-2)}(0)s - F^{(n-1)}(0)$$

oder

$$F'(t)\; \circ\!\!-\!\!\bullet\; sf(s) - F(0)$$

$$F''(t)\; \circ\!\!-\!\!\bullet\; s^2 f(s) - F(0)s - F'(0)$$

$$\dots\dots\dots\dots\dots\dots\dots\dots\dots\dots\dots\dots$$

$$F^{(n)}(t)\; \circ\!\!-\!\!\bullet\; s^n f(s) - F(0)s^{n-1} - F'(0)s^{n-2} - \dots - F^{(n-2)}(0)s - F^{(n-1)}(0)$$

Wenn t die Zeit bedeutet, heißen $F(0)$, $F'(0)$, ... die "Anfangswerte" der Funktion $F(t)$. Sind sie bis zu einer gewissen Ordnung
gleich 0, so lauten die Unterfunktionen von F', F'', usw. einfach
sf, $s^2 f$, usw. Das Auftreten der Anfangswerte in den Formeln, das
im ersten Augenblick wie ein Schönheitsfehler aussieht, ist gerade bei den Anwendungen auf Differentialgleichungen von großer
Bedeutung und bringt entscheidende Vorteile mit sich, siehe S.23.

VI. Differentiationssatz für die Unterfunktion

Wenn $\mathcal{L}\{F\}$ existiert, so gilt [LT 155]:

$$\mathcal{L}\{tF\} = -f'$$

$$\mathcal{L}\{t^2 F\} = f''$$

$$\dots\dots\dots\dots\dots\dots\dots$$

$$\mathcal{L}\{t^n F\} = (-1)^n f^{(n)}$$

§ 4. Die Regeln für das Rechnen mit der Laplace-Transformation

oder

$$-t\,F(t) \circ\!\!-\!\!\bullet f'(s)$$

$$t^2\,F(t) \circ\!\!-\!\!\bullet f''(s)$$

$$\cdot\;\cdot\;\cdot\;\cdot\;\cdot\;\cdot\;\cdot\;\cdot\;\cdot$$

$$(-1)^n\,t^n\,F(t) \circ\!\!-\!\!\bullet f^{(n)}(s)$$

VII. Integrationssatz für die Oberfunktion

Wenn F(t) eine Unterfunktion besitzt, so gilt dasselbe für
$\int\limits_0^t F(\tau)d\tau$ $\left[\text{LT 149}\right]$ und die Iterationen

$$\int\limits_0^t d\tau_n \int\limits_0^{\tau_n} d\tau_{n-1} \;\cdot\;\cdot\;\cdot\; \int\limits_0^{\tau_2} F(\tau_1)d\tau_1 \quad,\;\text{abgekürzt}\; \left(\int\limits_0^t d\tau\right)^n F(\tau)$$

Bekanntlich läßt sich das n-fach iterierte Integral durch ein
einfaches ausdrücken:

$$\left(\int\limits_0^t d\tau\right)^n F(\tau) = \frac{1}{(n-1)!}\int\limits_0^t (t-\tau)^{n-1}F(\tau)d\tau$$

Die folgenden Regeln gelten in dem Teil der Konvergenzhalbebene,
der rechts von der imaginären Achse liegt $\left[\text{LT 148 - 151}\right]$.

$$\mathfrak{L}\left\{\int\limits_0^t F(\tau)\,d\tau\right\} = \frac{1}{s}\mathfrak{L}\{F\}$$

$$\mathfrak{L}\left\{\left(\int\limits_0^t d\tau\right)^n F(\tau)\right\} = \frac{1}{s^n}\mathfrak{L}\{F\}$$

oder

$$\int\limits_0^t F(\tau)d\tau \circ\!\!-\!\!\bullet \frac{1}{s}f(s)$$

$$\left(\int\limits_0^t d\tau\right)^n F(\tau) \circ\!\!-\!\!\bullet \frac{1}{s^n}f(s)$$

§ 4. Die Regeln für das Rechnen mit der Laplace-Transformation

---

VIII. Integrationssatz für die Unterfunktion

Ist $\int\limits_{s}^{\infty} f(\sigma)\,d\sigma$ eine Unterfunktion, so ist auch $f(s)$ eine solche $[\mathrm{LT}\ 151,152]$, und es gilt:

$$\mathcal{L}\left\{\frac{F(t)}{t}\right\} = \int\limits_{s}^{\infty} f(\sigma)\,d\sigma$$

Ist das n-fach iterierte Integral $\left(\int\limits_{s}^{\infty} d\sigma\right)^{n} f(s)$ eine Unterfunktion, so ist auch $f(s)$ eine solche, und es gilt:

$$\mathcal{L}\left\{\frac{F(t)}{t^{n}}\right\} = \left(\int\limits_{s}^{\infty} d\sigma\right)^{n} f(\sigma)$$

oder

$$\boxed{\begin{array}{l} \dfrac{F(t)}{t} \ \circ\!\!-\!\!\bullet \ \int\limits_{s}^{\infty} f(\sigma)\,d\sigma \\[2em] \dfrac{F(t)}{t^{n}} \ \circ\!\!-\!\!\bullet \ \left(\int\limits_{s}^{\infty} d\sigma\right)^{n} f(\sigma) \end{array}}$$

Warnungstafel: Wenn $F(t) \circ\!\!-\!\!\bullet f(s)$, so ist nicht notwendig $\dfrac{F(t)}{t} \circ\!\!-\!\!\bullet \int\limits_{s}^{\infty} f(\sigma)\,d\sigma$. So ist z.B. $1 \circ\!\!-\!\!\bullet \dfrac{1}{s}$, aber $\dfrac{1}{t}$ besitzt überhaupt keine Unterfunktion, und $\int\limits_{s}^{\infty} \dfrac{d\sigma}{\sigma}$ ist sinnlos.

IX. Faltungssatz

In der Theorie der Differentialgleichungen, aber auch in vielen anderen Gebieten der Mathematik tritt folgende eigentümliche Kopplung zweier Funktionen durch ein Integral auf:
$\int\limits_{0}^{t} F_{1}(\tau)\,F_{2}(t-\tau)\,d\tau$. Für dieses Integral, das übrigens seinen Wert behält, wenn man F_{1} und F_{2} miteinander vertauscht, hat man

§ 4. Die Regeln für das Rechnen mit der Laplace-Transformation

den Namen "Faltung"[12) und das abkürzende Symbol $F_1 * F_2$ (ge-
sprochen: "F_1 gefaltet mit F_2") eingeführt [LT 155-167] :

$$F_1 * F_2 = \int_0^t F_1(\tau) F_2(t-\tau)\, d\tau = \int_0^t F_1(t-\tau) F_2(\tau)\, d\tau = F_2 * F_1.$$

Die Faltung zweier Oberfunktionen hat die merkwürdige Eigen-
schaft, sich im Bereich der Unterfunktionen in das Produkt zu ver-
wandeln [LT 161] , und hierauf beruht es, daß man mit der Faltung wie
mit einem Produkt rechnen kann, daß insbesondere auch mehrfache
Faltungen wie $F_1 * F_2 * F_3$ unabhängig von der Art der Ausführung
sind: $(F_1 * F_2) * F_3 = F_1 * (F_2 * F_3)$. Gerade bei solchen mehr-
fachen Faltungen, die explizit hingeschrieben außerordentlich lang-
wierige und schwer zu übersehende Ausdrücke darstellen, bewährt
sich die symbolische Schreibweise vermittels des Faltungssternes.

Der Faltungssatz lautet:

$$\mathcal{L}\{F_1 * F_2\} = \mathcal{L}\{F_1\} \cdot \mathcal{L}\{F_2\}$$

oder

$$\boxed{F_1 * F_2 \circ\!\!-\!\!\bullet f_1 \cdot f_2} \quad .$$

Streng genommen ist für die Gültigkeit eine Zusatzvoraus-
setzung notwendig. Der Satz ist z.B. sicher richtig, wenn eines der
$\mathcal{L}$-Integrale $\mathcal{L}\{F_1\}$ und $\mathcal{L}\{F_2\}$ absolut konvergiert. Das andere darf
bedingt konvergieren. Das $\mathcal{L}$-Integral von $F_1 * F_2$ konvergiert dann
automatisch.

Die naheliegende Frage, welche Unterfunktion dem Produkt
zweier Oberfunktionen entspricht, ist nicht allgemein zu beantwor-
ten. In gewissen Fällen entspricht $F_1 \cdot F_2$ der Funktion

$$\frac{1}{2\pi i} \int f_1(s - \sigma)\, f_2(\sigma)\, d\sigma \, ,$$

wobei das Integral über einen gewissen Kreis der komplexen Ebene
zu erstrecken ist [LT 167] .

---

12) Der Name "Faltung" rührt daher, daß beim Zusammenfalten
eines Papierstreifens, auf den man die Werte $\tau = 0$ bis $\tau = t$ auf-
geschrieben hat, gerade die Werte τ und $t - \tau$, die in dem Integral miteinander ins Spiel treten, zur Deckung kommen.

§ 4. Die Regeln für das Rechnen mit der Laplace-Transformation

Außer den unter I bis IX genannten grundlegenden und einfachen Beziehungen gibt es noch viele weitere von bedeutend komplizierterer Bauart, die auch nur verhältnismäßig selten angewandt werden. Sie sind S. 45 unter der Überschrift "Operationen" zusammengefaßt und dienen im Gegensatz zu den Regeln I bis IX nicht als Grundlage von allgemeinen Theorien, sondern zur Ableitung von neuen Funktionspaaren aus bereits bekannten.

§ 5. Lösung von gewöhnlichen Differentialgleichungen

Es soll an Beispielen gezeigt werden, wie man Differentialgleichungen vermittels Laplace-Transformation löst, und zwar handelt es sich zunächst um gewöhnliche Differentialgleichungen $[LT\ 321-334]$, bei denen die unbekannte Funktion nur von einer Variablen abhängt und infolgedessen lediglich Ableitungen nach dieser Variablen (keine partiellen Differentiationen) vorkommen. Dabei verzichten wir auf eine Einkleidung der Differentialgleichungen in spezielle technische Aufgaben, weil eine solche immer nur auf einen Teil der Benutzer Rücksicht nehmen könnte. Ebenso gehen wir natürlich auf die physikalische Deutung der Lösung nicht ein, da es sich hier nur um die Einübung des Kalküls handelt.

1. Differentialgleichung 1. Ordnung

Da wir die gesuchte Funktion als Oberfunktion betrachten, bezeichnen wir sie mit einem großen Buchstaben und die Variable mit t, also $Y(t)$. Die Methode ist anwendbar auf lineare Differentialgleichungen, in denen die Unbekannte und ihre Ableitungen konstante Koeffizienten haben, während das Absolutglied (die sog. Störungsfunktion) eine beliebige Funktion sein kann, die wir mit $F(t)$ bezeichnen. Die Differentialgleichung 1. Ordnung lautet dann:

$$(1) \qquad Y'(t) + c\ Y(t) = F(t).$$

Die Methode besteht darin, daß man diese ganze Gleichung der

§ 5. Lösung von gewöhnlichen Differentialgleichungen

$\mathcal{L}$-Transformation unterwirft, indem man sie mit e^{-st} multipliziert und nach t von 0 bis ∞ integriert:

$$\int_0^\infty e^{-st} Y'(t)dt \;+\; c\int_c^\infty e^{-st} Y(t)dt \;=\; \int_0^\infty e^{-st} F(t)dt.$$

Statt der expliziten $\mathcal{L}$-Integrale benutzt man aber übersichtlicher das Transformationszeichen $\mathcal{L}$ und schreibt:

$$\mathcal{L}\{Y'\} + c\mathcal{L}\{Y\} = \mathcal{L}\{F\}$$

Das wichtigste Hilfsmittel in diesem Anwendungsgebiet ist nun die Regel V, die gestattet, $\mathcal{L}\{Y'\}$ durch $\mathcal{L}\{Y\}= y(s)$ auszudrücken:

$$(2) \qquad s\, y(s) - Y(0) + c\, y(s) \;=\; f(s).$$

Hat man sich an den Kalkül einmal gewöhnt, so schreibt man diese Gleichung ohne alle Zwischenstadien unmittelbar unter die Differentialgleichung, indem man sagt: "Ich wandle die Gleichung (1) in den Unterbereich um" oder "Ich schreibe das Abbild von (1) im Unterbereich hin" oder "Ich transformiere (1) in den Unterbereich".

Gleichung (2) heißt die "transformierte" oder "reduzierte" Gleichung oder "Bildgleichung" oder auch die "Hilfsgleichung" zu (1).

An Gleichung (2) fallen zwei wesentliche Dinge auf: 1) Es erscheint in ihr neben der Unterfunktion y(s) der Wert der gesuchten Oberfunktion Y(t) an der Stelle 0, der sogenannte Anfangswert. Hierzu wird weiter unten noch Einiges zu sagen sein. 2) Gleichung (2) ist keine Differentialgleichung, sondern eine lineare algebraische Gleichung, die sich sofort lösen läßt:

$$(3) \qquad y(s) \;=\; \frac{Y(0) + f(s)}{s + c}.$$

Damit tritt an diesem einfachsten Problem schon das Wesentliche der ganzen Methode hervor: Durch Übergang in den Unterbereich wird aus einer komplizierten Aufgabe, einer Differentialgleichung, eine ganz einfache, nämlich eine lineare algebraische Gleichung. Diese gestattet, die Unterfunktion y(s) der gesuchten Lösung sehr leicht auszurechnen

Es bleibt jetzt nur noch eines zu tun: Zu der Unterfunktion y(s) die Oberfunktion Y(t) zu bestimmen. Man steht hier vor einer

§ 5. Lösung von gewöhnlichen Differentialgleichungen

ganz ähnlichen Aufgabe wie bei der Auswertung von Integralen. Wenn
man im Verlauf einer Rechnung auf ein Integral stößt, so berechnet
man es im allgemeinen nicht definitionsgemäß als Grenzwert einer
Summe, sondern man schlägt entweder in einer Integraltafel nach,
oder aber, wenn das nicht zum Ziel führt, versucht man den Integranden so umzuformen und zu zerlegen, daß man, eventuell unter
abermaligem Zuratziehen der Integraltafel, nunmehr dem Ausdruck
seinen Wert ansehen kann. Ganz analog schlägt man in unserem Fall
in der Tabelle der Laplace-Transformationen, die ja gerade zu diesem Zweck aufgestellt worden ist, nach, ob die vorliegende Unterfunktion y(s) dort verzeichnet ist, damit man die zugehörige Oberfunktion Y(t) direkt entnehmen kann. Ist das nicht der Fall, so
ist es eine Sache der Gewandheit des Bearbeiters, die Funktion
(3) in eine solche Form zu bringen, daß man die zugehörige Oberfunktion geradezu mit Händen greifen kann. Im vorliegenden Fall
ist das denkbar einfach: Wir schreiben

$$(4) \qquad y(s) = Y(0) \, \frac{1}{s+c} + \frac{1}{s+c} \cdot f(s) \; .$$

Zu $\frac{1}{s+c}$ gehört laut Tabelle 1.3 die Oberfunktion e^{-ct}. Dem
Produkt $\frac{1}{s+c} \cdot f(s)$ entspricht nach Regel IX das Faltungsintegral
$e^{-ct} \ast F(t)$, dem ganzen Ausdruck also nach Regel I:

$$(5) \qquad Y(t) = Y(0) \, e^{-ct} + e^{-ct} \ast F(t)$$

oder explizit hingeschrieben:

$$Y(t) = Y(0) \, e^{-ct} + e^{-ct} \int\limits_0^t e^{c\tau} F(\tau) \, d\tau \; .$$

Damit ist die Aufgabe vollständig gelöst. Besonders be-
achtenswert ist das Auftreten der Konstanten Y(0). Damit eine
einzige wohlbestimmte Funktion herauskommt, muß der Wert von Y(0)
gegeben sein. Das ist nicht verwunderlich, denn man weiß ja allgemein, daß einer Differentialgleichung 1. Ordnung eine unendliche (einparametrige) Schar von Funktionen genügt, was sich darin
äußert, daß in der allgemeinen Lösung eine willkürliche Konstante
auftritt. Soll nur e i n e Funktion in Frage kommen, so muß
noch eine Bedingung, z.B. der Wert der Funktion an einer gewissen
Stelle gegeben sein. Die Lösung (5) zeichnet sich dadurch aus,

§ 5. Lösung von gewöhnlichen Differentialgleichungen

daß die in ihr vorkommende Konstante eine ganze bestimmte, von vornherein feststehende Bedeutung hat: Sie ist der "Anfangswert" der
Funktion. Unsere Methode ist also gerade dem in der Praxis besonders häufigen Fall angepaßt, daß der Anfangswert der Lösung gegeben
ist, bzw. bei Differentialgleichungen höherer Ordnung: die Anfangswerte gegeben sind. Diese Werte gehen automatisch in die Lösung ein,
während bei den nach den sonstigen Methoden erhaltenen Lösungsformen
zunächst willkürliche Konstante auftreten, die nachträglich so bestimmt werden müssen, daß die Lösungsfunktion die vorgeschriebenen
Anfangswerte besitzt.

Zusammenfassend kann man unsere Methode durch das folgende
Schema beschreiben:

S c h e m a

Oberbereich: Gewöhnliche Differentialgleichung   Lösung $Y(t)$
              mit Anfangsbedingungen

Unterbereich: Lineare algebraische Gleichung ————▸ Lösung $y(s)$

Anstatt die im Oberbereich gegebene Differentialgleichung mit Anfangsbedingungen direkt zu lösen, geht man erst in den Unterbereich,
wo das Problem sich in Form einer linearen algebraischen Gleichung
darstellt. Diese löst man und geht dann mit der Lösung in den Oberbereich zurück.

Für eine spezielle Störungsfunktion kann es bisweilen bequemer sein, statt das Faltungsintegral in (5) auszurechnen, ihre
Unterfunktion $f(s)$ zu bestimmen und den Ausdruck $\frac{f(s)}{s+c}$ in (4) als
einheitliche Funktion in den Oberbereich zu übersetzen. Ist z.B.
$F(t) = \text{const.} = F_0$ für $t > 0$, so ist $f(s) = \frac{F_0}{s}$, und der Ausdruck
$\frac{1}{s(s+c)}$ läßt sich auf mannigfaltige Weise in den Oberbereich

§ 5. Lösung von gewöhnlichen Differentialgleichungen

transformieren.

a) $$\frac{1}{s(s+c)} = \frac{1}{(s+\frac{c}{2})^2 - \frac{c^2}{4}} .$$

Nach Tabelle **1**.8 ist

$$\frac{1}{s^2 - \frac{c^2}{4}} \quad \multimap \quad \frac{2}{c} \cdot \mathfrak{Sin}\, \frac{c}{2} t \quad \text{für } c \neq 0 ,$$

also nach Regel IV (Dämpfungssatz):

$$\frac{1}{(s+\frac{c}{2})^2 - \frac{c^2}{4}} \quad \multimap \quad e^{-\frac{c}{2}t} \frac{2}{c}\, \mathfrak{Sin}\, \frac{c}{2} t = \frac{2}{c} e^{-\frac{c}{2}t} \frac{1}{2}\left(e^{\frac{c}{2}t} - e^{-\frac{c}{2}t}\right) = \frac{1}{c}\left(1 - e^{-ct}\right) .$$

b) Wegen $\dfrac{1}{s+c} \; \multimap \; e^{-ct}$ ist nach Regel VII:

$$\frac{1}{s}\,\frac{1}{s+c} \quad \multimap \quad \int_0^t e^{-c\tau}\, d\tau \;=\; \frac{1}{c}\left(1 - e^{-ct}\right) .$$

Auf denselben Rechenvorgang führt auch der Faltungssatz (Regel IX).

c) Die sogenannte Partialbruchzerlegung ergibt:

$$\frac{1}{s(s+c)} = \frac{1}{c}\left(\frac{1}{s} - \frac{1}{s+c}\right) \multimap \frac{1}{c}\left(1 - e^{-ct}\right) .$$

Wir betrachten noch das Beispiel, daß $F(t)$ eine Schwingung $F_0 \cos \omega t$ oder $F_0 \sin \omega t$ ist, was wir beides in der Form $F_0 e^{i\omega t}$ zusammenfassen können, wie es in der Elektrotechnik üblich ist. (Nimmt man nachher in der Lösung den Realteil, so erhält man die der Funktion $F(t) = F_0 \cos \omega t$ entsprechende Lösung, während der Imaginärteil die Lösung für $F(t) = F_0 \sin \omega t$ liefert.)

Es ist $f(s) = F_0 \dfrac{1}{s - i\omega}$ und

§ 5. Lösung von gewöhnlichen Differentialgleichungen

$$\frac{1}{(s+c)(s-i\omega)} = \frac{1}{c+i\omega}\left(\frac{1}{s-i\omega} - \frac{1}{s+c}\right) \;\circ\!\!-\!\!\bullet\; \frac{1}{c+i\omega}\left(e^{i\omega t} - e^{-ct}\right)$$

(Partialbruchzerlegung) oder

$$\frac{1}{s+c}\,\frac{1}{s-i\omega} \;\bullet\!\!-\!\!\circ\; e^{-ct} * e^{i\omega t} = \int_0^t e^{-c\tau}\,e^{i\omega(t-\tau)}\,d\tau = e^{i\omega t}\int_0^t e^{-(c+i\omega)\tau}\,d\tau$$

$$= e^{i\omega t}\,\frac{1}{c+i\omega}\left(1-e^{-(c+i\omega)t}\right) = \frac{1}{c+i\omega}\left(e^{i\omega t}-e^{-ct}\right)$$

(Faltungssatz).

Zur Zerlegung in Realteil und Imaginärteil schreibt man diesen Ausdruck in der Gestalt:

$$\frac{c-i\omega}{c^2+\omega^2}\left(\cos\omega t + i\sin\omega t - e^{-ct}\right)$$

und erhält:

Realteil $= \dfrac{1}{c^2+\omega^2}\left(\omega\sin\omega t + c(\cos\omega t - e^{-ct})\right)$

Imaginärteil $= \dfrac{1}{c^2+\omega^2}\left(c\sin\omega t - (\cos\omega t - e^{-ct})\right)$

2. <u>Differentialgleichung 2. Ordnung</u>

Die lineare Differentialgleichung 2. Ordnung mit konstanten Koeffizienten und beliebiger Störungsfunktion lautet:

$$(6) \qquad Y'' + c_1 Y' + c_0 Y = F(t) \ ,$$

ihr Abbild im Unterbereich:

$$s^2 y(s) - Y(0)s - Y'(0) + c_1\big(s\,y(s) - Y(0)\big) + c_0\,y(s) = f(s) \ .$$

Wie man sieht, treten hier entsprechend der Ordnung 2 der Differentialgleichung zwei Anfangswerte in die Bildgleichung ein. Faßt man die Glieder mit $y(s)$ zusammen und ordnet den Rest nach den

Anfangswerten, so erhält man für die Unterfunktion die Bestimmungsgleichung

$$(s^2 + c_1 s + c_0)\, y(s) = f(s) + Y(o)\,(s + c_1) + Y'(0),$$

die linear ist und sich sofort lösen läßt:

$$(7)\quad y(s) = \frac{f(s)}{s^2 + c_1 s + c_0} + Y(0)\,\frac{s + c_1}{s^2 + c_1 s + c_0} + Y'(0)\frac{1}{s^2 + c_1 s + c_0}.$$

Zur Berechnung der Oberfunktion bringen wir den gemeinsamen Nenner auf die Gestalt:

$$(s + \frac{c_1}{2})^2 + (c_0 - \frac{c_1^2}{4}) = (s + \frac{c_1}{2})^2 + d$$

und schließen unter Zuhilfenahme von Tabelle 1.9 , 8 ,7 und Regel IV so:

Für $d > 0$ ist $(s^2+d)^{-1} \mathrel{\multimap} \frac{1}{\sqrt{d}} \sin\sqrt{d}\, t$, also $\left((s+\frac{c_1}{2})^2 + d\right)^{-1} \mathrel{\multimap} \frac{1}{\sqrt{d}} e^{-\frac{c_1}{2}t} \sin\sqrt{d}\, t$,

" $d < 0$ ist $(s^2+d)^{-1} \mathrel{\multimap} \frac{1}{\sqrt{-d}} \operatorname{\mathfrak{S}in}\sqrt{-d}\, t$, also $\left((s+\frac{c_1}{2})^2 + d\right)^{-1} \mathrel{\multimap} \frac{1}{\sqrt{-d}} e^{-\frac{c_1}{2}t} \operatorname{\mathfrak{S}in}\sqrt{-d}\, t$,

" $d = 0$ ist $(s^2+d)^{-1} \mathrel{\multimap} t$ also $\left((s+\frac{c_1}{2})^2 + d\right)^{-1} \mathrel{\multimap} e^{-\frac{c_1}{2}t} t$.

Damit lassen sich zu allen Gliedern von (7) sofort die Oberfunktionen bestimmen, mit Ausnahme von $\dfrac{s}{s^2+c_1 s+c_0}$. Hierfür aber kann man so verfahren: Bezeichnet man die Oberfunktion von $(s^2+c_1 s+c_0)^{-1}$ mit $Q(t)$, so ist in allen drei Fällen $Q(0) = 0$, also nach Regel V:

$$s(s^2 + c_1 s + c_0)^{-1} \mathrel{\multimap} Q'(t).$$

Damit erhält man die Lösung der Differentialgleichung (6) in der Gestalt:

$$(8)\quad Y(t) = F(t) * Q(t) + Y(0)\left(Q'(t) + c_1 Q(t)\right) + Y'(0)\, Q(t).$$

§ 5. Lösung von gewöhnlichen Differentialgleichungen

Wie man sieht, kommt alles auf die Herstellung der Oberfunktion von $(s^2 + c_1 s + c_0)^{-1}$ an. Die obige Methode, die wesentlich auf die quadratische Funktion zugeschnitten war, ist für höhere Polynome nicht verwendbar. Daher wollen wir noch eine Methode angeben, die sich auch auf solche verallgemeinern läßt.

Ein quadratisches Polynom mit reellen Koeffizienten wie $s^2 + c_1 s + c_0$ läßt sich stets in zwei Linearfaktoren zerlegen:

$$s^2 + c_1 s + c_0 = (s - \alpha_1)(s - \alpha_2) ,$$

wobei die Zahlen α_1 und α_2, die offenbar die Nullstellen des Polynoms sind, reell oder komplex konjugiert sein können. So ist z.B.

$$s^2-1 = (s+1)(s-1), \quad s^2+1 = (s+i)(s-i), \quad s^2+3s-4 = (s-1)(s+4) ,$$

$$s^2 + 2s + 1 = (s + 1)^2, \quad s^2 - 4s + 13 = (s-2-3i)(s-2+3i) .$$

Die reziproke Funktion $\dfrac{1}{s^2+c_1 s+c_0}$, die an den zwei Stellen α_1, α_2 unendlich wird, läßt sich nun als Summe von zwei Gliedern darstellen, von denen jedes nur an einer Stelle unendlich wird:

$$(9) \qquad \frac{1}{s^2 + c_1 s + c_0} = \frac{k_1}{s - \alpha_1} + \frac{k_2}{s - \alpha_2} ,$$

was man als "Partialbruchzerlegung" bezeichnet. (Zwei Spezialfälle haben wir bereits bei der Differentialgleichung 1. Ordnung kennen gelernt.) Man kann in der Tat k_1, k_2 so bestimmen, daß die Gleichung richtig wird. Die rechte Seite ist gleich

$$\frac{(k_1 + k_2)s - (\alpha_2 k_1 + \alpha_1 k_2)}{(s - \alpha_1)(s - \alpha_2)} ,$$

und damit sie mit der linken übereinstimmt, muß

$$k_1 + k_2 = 0, \qquad \alpha_2 k_1 + \alpha_1 k_2 = -1$$

sein. Das ergibt

$$(10) \qquad k_1 = \frac{1}{\alpha_1 - \alpha_2} , \qquad k_2 = \frac{1}{\alpha_2 - \alpha_1}$$

Damit ist man fertig, denn die Oberfunktion zu $(s^2+c_1+c_0)^{-1}$ ist nun offenkundig $k_1 e^{\alpha_1 t} + k_2 e^{\alpha_2 t}$. Sind α_1 und α_2 reell, so kann man unter Berücksichtigung von $k_2 = -k_1$ schreiben:

$$k_1\left(e^{\alpha_1 t} - e^{\alpha_2 t}\right) = k_1 e^{\frac{\alpha_1+\alpha_2}{2}t}\left(e^{\frac{\alpha_1-\alpha_2}{2}t} - e^{-\frac{\alpha_1-\alpha_2}{2}t}\right) = 2k_1 e^{\frac{\alpha_1+\alpha_2}{2}t}\operatorname{Sin}\frac{\alpha_1-\alpha_2}{2}t \ .$$

Sind α_1 und α_2 komplex konjugiert: $\alpha_1 = a + b\,i$, $\alpha_2 = a - b\,i$, so erscheint die Lösung in komplexer Gestalt. Beachtet man aber, daß $k_1 = \frac{1}{2\,b\,i}$, $k_2 = -\frac{1}{2\,b\,i}$ ist, so erhält sie die reelle Form

$$\frac{1}{2\,b\,i}\left(e^{(a+bi)t} - e^{(a-bi)t}\right) = \frac{1}{b}e^{\alpha t}\sin b\,t \ .$$

Da in den Ausdrücken k_1 und k_2 die Größe $\alpha_1 - \alpha_2$ im Nenner steht, ist die Bestimmung von k_1, k_2 nur für $\alpha_1 \neq \alpha_2$ möglich. Ist aber $\alpha_1 = \alpha_2$, so ist alles viel einfacher. Denn nach Tabelle 1.7 gilt:

$$\frac{1}{s^2 + c_1 s + c_0} = \frac{1}{(s - \alpha_1)^2} \quad \bullet\!\!-\!\!\circ \quad e^{\alpha_1 t}\,t$$

Die drei hier unterschiedenen Fälle: α_1, α_2 reell, komplex konjugiert oder gleich, entsprechen den obigen Fällen $d < 0$, $d > 0$ oder $d = 0$. Denn die Wurzeln von $(s + \frac{c_1}{2})^2 + d$ lauten: $\frac{c_1}{2} \pm \sqrt{-d}$; sie sind also reell (und verschieden) für $d < 0$, komplex konjugiert für $d > 0$ und gleich für $d = 0$.

Numerisches Beispiel

Gegeben sei die Differentialgleichung

$$Y'' + 10\,Y' + 74\,Y = 28\,\sin 4\,t$$

mit den Anfangsbedingungen $Y(0) = 0$, $Y'(0) = 2$.
Ihre Bildgleichung ist

$$s^2 y - 2 + 10\,sy + 74\,y = \frac{112}{s^2 + 16}$$

§ 5. Lösung von gewöhnlichen Differentialgleichungen

Aus dieser folgt:

$$y = \frac{112}{(s^2+16)(s^2+10s+74)} + \frac{2}{s^2+10s+74} \;.$$

Zur Bestimmung der Nullstellen von $s^2 + 10s + 74$ lösen wir die Gleichung

$$s^2 + 10\,s + 74 = 0 \;.$$

Die Wurzeln sind

$$\alpha_1 = -5 + 7\,i\,, \qquad \alpha_2 = -5 - 7\,i\,,$$

und folglich ist zu setzen:

$$\frac{1}{s^2+10s+74} = \frac{k_1}{s+5-7i} + \frac{k_2}{s+5+7i} \;.$$

k_1 und k_2 berechnen sich aus

$$k_1 + k_2 = 0, \qquad (5+7i)k_1 + (5-7i)k_2 = 1$$

zu

$$k_1 = \frac{1}{14i}, \qquad k_2 = -\frac{1}{14i} \;.$$

Die Zerlegung

$$\frac{1}{s^2+10s+74} = \frac{\frac{1}{14i}}{s+5-7i} - \frac{\frac{1}{14i}}{s+5+7i}$$

zeigt, daß hierzu die Oberfunktion gehört:

$$Q(t) = \frac{1}{14i}\,e^{(-5+7i)t} - \frac{1}{14i}e^{(-5-7i)t} = \frac{1}{7}\,e^{-5t}\,\sin 7\,t \;.$$

Damit ist für das zweite Glied in y die Oberfunktion gefunden. Die des ersten kann man als Faltungsintegral berechnen, man kann aber auch in Verallgemeinerung des Verfahrens von S.27 direkt das ganze Glied in Partialbrüche gemäß den Nullstellen $4\,i$, $-4\,i$, $-5+7i$, $-5-7i$ zerlegen:

$$\frac{112}{(s^2+16)(s^2+10s+74)} = \frac{k_1}{s-4i} + \frac{k_2}{s+4i} + \frac{k_3}{s+5-7i} + \frac{k_4}{s+5+7i} \;.$$

§ 5. Lösung von gewöhnlichen Differentialgleichungen

Bringt man die rechte Seite auf einen Nenner, so lautet der Zähler:

$$k_1(s+4i)(s+5-7i)(s+5+7i) \quad + \quad k_2(s-4i)(s+5-7i)(s+5+7i)$$

$$+k_3(s-4i)(s+4i)(s+5+7i) \quad + \quad k_4(s-4i)(s+4i)(s+5-7i)$$

$$=s^3(k_1+k_2+k_3+k_4) + s^2\Big((10+4i)k_1+(10-4i)k_2+(5+7i)k_3+(5-7i)k_4\Big)$$

$$+ s\Big((74+40i)k_1+(74-40i)k_2+16k_3+16k_4\Big)$$

$$+ \Big(2961k_1-2961k_2+(80+112i)k_3+(80-112i)k_4\Big)$$

k_1 bis k_4 müssen also die linearen Gleichungen erfüllen:

$$k_1 + k_2 + k_3 + k_4 = 0$$
$$(10+4i)\,k_1 + (10-4i)\,k_2 + (5+7i)\,k_3 + (5-7i)\,k_4 = 0$$
$$(74+40i)k_1 + (74-40i)\,k_2 + 16\,k_3 + 16\,k_4 = 0$$
$$2961\,k_1 - 2961\,k_2 + (80+112i)k_3 + (80-112i)k_4 = 112 \; ,$$

deren Lösungen lauten:

$$k_1 = -\tfrac{7}{1241}(20+29i), \quad k_2 = -\tfrac{7}{1241}(20-29i), \quad k_3 = \tfrac{4}{1241}(35+4i), \quad k_4 = \tfrac{4}{1241}(35-4i),$$

sodaß zu dem 1. Glied von y die Oberfunktion gehört:

$$- \tfrac{7}{1241}(20+29i)e^{4it} - \tfrac{7}{1241}(20-29i)e^{-4it} + \tfrac{4}{1241}(35+4i)e^{(-5+7i)t}$$

$$+ \tfrac{4}{1241}(35-4i)e^{(-5-7i)t}$$

$$= - \tfrac{7}{1241}\Big(20(e^{4it}+e^{-4it})+29i(e^{4it}-e^{-4it})\Big) \; .$$

$$+ \tfrac{4}{1241}\,e^{-5t}\Big(35(e^{7it}+e^{-7it})+4i(e^{7it}-e^{-7it})\Big)$$

$$= - \tfrac{14}{1241}(20\cos 4t - 29 \sin 4t) + \tfrac{8}{1241}e^{-5t}(35\cos 7t - 4 \sin 7t) \; .$$

Insgesamt ergibt sich somit als Lösung der Differentialgleichung unter den vorgegebenen Anfangsbedingungen:

§ 5. Lösung von gewöhnlichen Differentialgleichungen

$$Y = \frac{2}{1241}\left(\frac{1129}{7}\sin 7t + 140 \cos 7t\right)e^{-5t} - \frac{14}{1241}(20\cos 4t - 29\sin 4t)\ .$$

Im nächsten Absatz werden wir die Partialbruchzerlegung auf einfachere Weise zu bewerkstelligen lernen.

3. Differentialgleichung n-ter Ordnung

Diese hat die Gestalt

$$(11) \qquad Y^{(n)} + c_{n-1}Y^{(n-1)} + \ldots + c_1 Y' + c_0 Y = F(t)\ .$$

Hat in der ursprünglich gegebenen Gleichung $Y^{(n)}$ einen von 1 verschiedenen Koeffizienten, so empfiehlt es sich, ihn durch Division wegzuschaffen, weil das die folgenden Rechnungen vereinfacht.

Die Regel V liefert die Bildgleichung (vgl. LT 321-329):

$$\left.\begin{array}{l} s^n y \;-\; \left(Y(0)s^{n-1} + Y'(0)s^{n-2} + \ldots\ldots\ldots + Y^{(n-1)}_{(0)}\right) \\[2mm] +c_{n-1}\left[s^{n-1}y - \left(Y(0)s^{n-2} + Y'(0)s^{n-3} + \ldots + Y^{(n-2)}_{(0)}\right)\right] \\[1mm] \ldots\ldots\ldots\ldots\ldots\ldots\ldots\ldots\ldots\ldots\ldots\ldots\ldots\ldots\ldots\ldots \\[1mm] +c_1\left[sy \;-\; Y(0)\right] \\[2mm] +c_0 y \end{array}\right\} = f(s)$$

oder

$$(s^n + c_{n-1}s^{n-1} + \ldots + c_1 s + c_0)y = f(s) + Y(0)(s^{n-1} + c_{n-1}s^{n-2} + \ldots + c_2 s + c_1)$$

$$+ Y'(0)(s^{n-2} + c_{n-1}s^{n-3} + \ldots + c_2)$$

$$\ldots\ldots\ldots\ldots\ldots\ldots\ldots\ldots$$

$$+ Y^{(n-2)}_{(0)}(s + c_{n-1})$$

$$+ Y^{(n-1)}_{(0)}\ .$$

Setzen wir zur Abkürzung

$$s^n + c_{n-1}s^{n-1} + \ldots + c_1 s + c_0 = p(s)\ ,$$

so ergibt sich für die Unterfunktion der Lösung von (11):

$$y(s) = \frac{f(s)}{p(s)} + Y(0) \frac{s^{n-1} + c_{n-1} s^{n-2} + \ldots + c_2 s + c_1}{p(s)}$$

$$+ Y'(0) \frac{s^{n-2} + c_{n-1} s^{n-3} + \ldots + c_2}{p(s)}$$

(12)

$$\cdots\cdots\cdots\cdots\cdots\cdots\cdots$$

$$+ Y^{(n-2)}_{(0)} \frac{s + c_{n-1}}{p(s)}$$

$$+ Y^{(n-1)}_{(0)} \frac{1}{p(s)} \quad .$$

Es kommt alles darauf an, die Oberfunktion von $\frac{1}{p(s)}$ zu bestimmen. Dazu schlagen wir wie in Formel (9) den Weg der Partialbruchentwicklung ein: Wir bestimmen durch Auflösen[13] der algebraischen Gleichung

$$s^n + c_{n-1} s^{n-1} + \ldots + c_1 s + c_0 = 0$$

zunächst die Nullstellen $\alpha_1, \ldots, \alpha_n$ von p(s), mit deren Hilfe sich p(s) als Produkt von Linearfaktoren darstellen läßt:

$$p(s) = (s - \alpha_1)(s - \alpha_2) \ldots (s - \alpha_n).$$

Schon im Falle n = 2 hatte es sich herausgestellt, daß das Auftreten gleicher Wurzeln eine Sonderbehandlung erfordert. Wir unterscheiden infolgedessen:

a) <u>Die Wurzeln α_ν sind sämtlich verschieden</u>

Dann kann man ansetzen:

(13) $\qquad \frac{1}{p(s)} = \frac{k_1}{s - \alpha_1} + \frac{k_2}{s - \alpha_2} + \ldots\ldots + \frac{k_n}{s - \alpha_n}$

Die Koeffizienten k_ν lassen sich am einfachsten folgendermaßen bestimmen: Man multipliziert (13) mit $s - \alpha_1$ und schreibt die

---

[13] Dies hat bei Gleichungen von höherem als 4. Grad durch Näherungsmethoden zu geschehen, was aber auch schon beim 3. und 4. Grad empfehlenswert ist.

§ 5. Lösung von gewöhnlichen Differentialgleichungen

Gleichung unter Ausnutzung der Tatsache $p(\alpha_1) = 0$ in der Gestalt:

$$\frac{s - \alpha_1}{p(s)} = \frac{1}{\frac{p(s) - p(\alpha_1)}{s - \alpha_1}} = k_1 + k_2 \frac{s - \alpha_1}{s - \alpha_2} + \cdots + k_n \frac{s - \alpha_1}{s - \alpha_n} \quad .$$

Läßt man s gegen α_1 streben, so strebt $\dfrac{p(s) - p(\alpha_1)}{s - \alpha_1}$ gemäß der Definition des Differentialquotienten gegen $p'(\alpha_1)$, während die Glieder rechter Hand mit Ausnahme des ersten sämtlich verschwinden. Man erhält also:

$$k_1 = \frac{1}{p'(\alpha_1)} \quad .$$

Analog ergibt sich

$$k_2 = \frac{1}{p'(\alpha_2)} , \ldots, k_n = \frac{1}{p'(\alpha_n)} \quad .$$

Sobald gewisse Wurzeln gleich sind, z.B. $\alpha_1 = \alpha_2$, versagen diese Formeln von selbst, da dann $p'(\alpha_1) = 0$ wird[14]. Sollte man auf die Mehrfachheit der Wurzel α_1 nicht geachtet haben, so wird man an dieser Stelle automatisch darauf aufmerksam gemacht.

Aus der Darstellung

$$\frac{1}{p(s)} = \sum_{\gamma=1}^{n} \frac{1}{p'(\alpha_\gamma)} \frac{1}{s - \alpha_\gamma}$$

ergibt sich, daß zu $\dfrac{1}{p(s)}$ die Oberfunktion

$$(14) \qquad Q(t) = \sum_{\gamma=1}^{n} \frac{1}{p'(\alpha_\gamma)} e^{\alpha_\gamma t}$$

gehört. Sind gewisse der Wurzeln α_γ komplex, so treten sie immer

---

14) Nach dem Taylorschen Satz ist

$$p(s) = p(\alpha_1) + \frac{p'(\alpha_1)}{1!}(s - \alpha_1) + \frac{p''(\alpha_1)}{2!}(s - \alpha_1)^2 + \cdots + \frac{p^{(n)}(\alpha_1)}{n!}(s - \alpha_1)^n \quad .$$

Wenn α_1 Nullstelle ist, so ist $p(\alpha_1) = 0$, und die rechte Seite enthält den Faktor $s - \alpha_1$. Ist auch noch $p'(\alpha_1) = 0$, so kann man den Faktor $(s - \alpha_1)^2$ abspalten, und α_1 ist mindestens doppelte Nullstelle. Umgekehrt muß, wenn mindestens der Faktor $(s - \alpha_1)^2$ soll abgespalten werden können, $p'(\alpha_1) = 0$ sein.

konjugiert auf, und man kann die beiden entsprechenden Terme genau so zu reellen sin- und cos-Schwingungen zusammensetzen wie bei der Differentialgleichung 2. Ordnung.

Die Oberfunktion zu $f(s) \frac{1}{p(s)}$ ergibt sich nach Regel IX (Faltungssatz) zu

$$F(t) * Q(t) = \sum_{\gamma=1}^{n} \frac{e^{\alpha_\gamma t}}{p'(\alpha_\gamma)} \int_0^t e^{-\alpha_\gamma \tau} F(\tau)\, d\tau .$$

Da, wie man nachrechnen kann, $Q(0) = Q'(0) = \ldots = Q^{(n-2)}(0) = 0$ ist, gehört zu einem Ausdruck der Form $\frac{s^r}{p(s)}$ ($r \leqq n - 1$) nach Regel V die Oberfunktion $Q^{(r)}(t)$. Damit kann man zu (12) leicht die Oberfunktion anschreiben:

$$
\begin{aligned}
(15) \quad Y(t) = P(t) * Q(t) &+ Y(0)\left(Q(t)^{(n-1)} + c_{n-1} Q^{(n-2)}(t) + \ldots + c_2 Q'(t) + c_1 Q(t) \right) \\
&+ Y'(0)\left(Q^{(n-2)}(t) + c_{n-1} Q^{(n-3)}(t) + \ldots + c_2 Q(t) \right) \\
&\cdots\cdots\cdots\cdots\cdots\cdots\cdots\cdots\cdots \\
&+ Y^{(n-2)}(0)\left(Q'(t) + c_{n-1} Q(t) \right) \\
&+ Y^{(n-1)}(0)\, Q(t) .
\end{aligned}
$$

Wir heben wie früher in den Spezialfällen als besonders charakteristisch hervor, daß in der allgemeinen Lösung nicht beliebige Konstante vorkommen, die man erst nachträglich den Anfangsbedingungen anpassen muß, sondern unmittelbar diese selbst.

b) Gewisse der Wurzeln α_γ sind gleich

In diesem Fall kommt man bei der Partialbruchzerlegung von $\frac{1}{p(s)}$ nicht mit Termen der Gestalt $\frac{1}{s - \alpha_\gamma}$ aus, sondern man muß zu höheren Ausdrücken greifen. Ist z.B. die Zahl α eine dreifache Wurzel, d.h. kommt in p(s) der Faktor $s - \alpha$ in dritter (aber nicht höherer) Potenz vor, so muß man in der Partialbruchzerlegung für diese Wurzel anstelle von $\frac{k}{s - \alpha}$ einen Ausdruck der Form

$$\frac{g_3}{(s - \alpha)^3} + \frac{g_2}{(s - \alpha)^2} + \frac{g_1}{s - \alpha}$$

ansetzen. Die Koeffizienten g lassen sich durch die höheren Ableitungen von $p(s)$ an der Stelle α ausdrücken, die allgemeinen Formeln sind aber so kompliziert, daß es viel einfacher ist, nach dem
Schema folgenden Beispiels zu rechnen:

<u>Beispiel</u>

Es sei

$$p(s) = (s-2)^3 (s+5)(s+7) .$$

Wir setzen an:

$$(16) \quad \frac{1}{p(s)} = \frac{g_3}{(s-2)^3} + \frac{g_2}{(s-2)^2} + \frac{g_1}{s-2} + \frac{h}{s+5} + \frac{k}{s+7} .$$

Multiplikation mit $(s-2)^3$ liefert:

$$\frac{(s-2)^3}{p(s)} = \frac{1}{(s+5)(s+7)} = g_3 + g_2(s-2) + g_1(s-2)^2 + h\frac{(s-2)^3}{s+5} + k\frac{(s-2)^3}{s+7} .$$

Für $s \longrightarrow 2$ ergibt sich:

$$\frac{1}{7 \cdot 9} = g_3 .$$

Den so gewonnenen Term $\dfrac{1}{63(s-2)^3}$ bringen wir auf die linke Seite
der Gleichung (16), die dadurch die Gestalt bekommt:

$$\frac{1}{p(s)} - \frac{g_3}{(s-2)^3} = \frac{1}{(s-2)^3(s+5)(s+7)} - \frac{1}{63(s-2)^3} = \frac{63-(s+5)(s+7)}{63(s-2)^3(s+5)(s+7)} .$$

Der Zähler ist gleich $-s^2-12s+28 = -(s-2)(s+14)$. Der Faktor $s-2$
hebt sich aus Zähler und Nenner fort, und es bleibt:

$$(17) \quad \frac{-(s+14)}{63(s-2)^2(s+5)(s+7)} = \frac{g_2}{(s-2)^2} + \frac{g_1}{s-2} + \frac{h}{s+5} + \frac{k}{s+7} ,$$

wobei wir rechts den übrig gebliebenen Teil der rechten Seite von
(16) eingesetzt haben. Nun multiplizieren wir mit $(s-2)^2$:

$$\frac{-(s+14)}{63(s+5)(s+7)} = g_2 + g_1(s-2) + h \frac{(s-2)^2}{s+5} + k \frac{(s-2)^2}{s+7} ,$$

§ 5. Lösung von gewöhnlichen Differentialgleichungen

woraus für $s \longrightarrow 2$ folgt:

$$- \frac{16}{63 \cdot 7 \cdot 9} = g_2 \; .$$

Den gewonnenen Term $- \dfrac{16}{63^2(s-2)^2}$ bringen wir auf die linke Seite von (17), wodurch diese übergeht in

$$\frac{- (s+14)}{63(s-2)^2(s+5)(s+7)} + \frac{16}{63^2(s-2)^2} = \frac{- 63(s+14)+16(s+5)(s+7)}{63^2(s-2)^2(s+5)(s+7)} \; .$$

Der Zähler ist gleich $(s-2)(16s+161)$, sodaß man durch $s-2$ kürzen und für (17) schreiben kann:

$$\frac{16s + 161}{63^2(s-2)(s+5)(s+7)} = \frac{g_1}{s-2} + \frac{h}{s+5} + \frac{k}{s+7}$$

oder

$$\frac{16s + 161}{63^2(s+5)(s+7)} = g_1 + h\,\frac{s-2}{s+5} + k\,\frac{s-2}{s+7} \; ,$$

woraus sich für $s \longrightarrow 2$ ergibt:

$$\frac{193}{63^2 \cdot 7 \cdot 9} = g_1 \; .$$

Die Bestimmung von h und k, die nichts Neues bringt, können wir uns hier sparen.

4. <u>System von Differentialgleichungen</u>

Bisher hatten wir es mit e i n e r unbekannten Funktion und e i n e r Differentialgleichung zu tun. Es kann nun vorkommen, daß n unbekannte Funktionen vorliegen (z.B. die Stromstärken in n Stromkreisen), für die Differentialgleichungen gegeben sind, aber nicht so, daß in jeder Gleichung nur eine Funktion vorkommt, sondern so, daß in jeder Gleichung alle Funktionen (oder wenigstens einige) vorkommen. Die Funktionen sind dann voneinander abhängig (z.B. Stromkreise, die miteinander induktiv, kapazitiv oder galvanisch gekoppelt sind), und man kann nicht jede einzeln für sich bestimmen. Als Beispiel nehmen wir zwei Differentialgleichungen zweiter Ordnung mit zwei Unbekannten Y_1 und Y_2, die

§ 5. Lösung von gewöhnlichen Differentialgleichungen

wir in leicht verständlicher Weise in der Form schreiben:

$$(a_{11}\frac{d^2}{dt^2} + b_{11}\frac{d}{dt} + c_{11})Y_1 + (a_{12}\frac{d^2}{dt^2} + b_{12}\frac{d}{dt} + c_{12})Y_2 = F_1(t)$$

(18)

$$(a_{21}\frac{d^2}{dt^2} + b_{21}\frac{d}{dt} + c_{21})Y_1 + (a_{22}\frac{d^2}{dt^2} + b_{22}\frac{d}{dt} + c_{22})Y_2 = F_2(t) .$$

Nach der klassischen Methode ist die Behandlung eines solchen Systems ziemlich langwierig. Vermittels $\mathcal{L}$-Transformation dagegen erhält man ganz einfach:

$$a_{11}\left(s^2 y_1 - Y_1(0)s - Y_1'(0)\right) + b_{11}\left(sy_1 - Y_1(0)\right) + c_{11}y_1$$

$$+ a_{12}\left(s^2 y_2 - Y_2(0)s - Y_2'(0)\right) + b_{12}\left(sy_2 - Y_2(0)\right) + c_{12}y_2 = f_1(s)$$

$$a_{21}\left(s^2 y_1 - Y_1(0)s - Y_1'(0)\right) + b_{21}\left(sy_1 - Y_1(0)\right) + c_{21}y_1$$

$$+ a_{22}\left(s^2 y_2 - Y_2(0)s - Y_2'(0)\right) + b_{22}\left(sy_2 - Y_2(0)\right) + c_{22}y_2 = f_2(s)$$

oder

$$(a_{11}s^2 + b_{11}s + c_{11})y_1 + (a_{12}s^2 + b_{12}s + c_{12})y_2 = f_1(s)$$

$$+ Y_1(0)(a_{11}s + b_{11}) + Y_2(0)(a_{12}s + b_{12}) + Y_1'(0)a_{11} + Y_2'(0)a_{12}$$

(19)

$$(a_{21}s^2 + b_{21}s + c_{21})y_1 + (a_{22}s^2 + b_{22}s + c_{22})y_2 = f_2(s)$$

$$+ Y_1(0)(a_{21}s + b_{21}) + Y_2(0)(a_{22}s + b_{22}) + Y_1'(0)a_{21} + Y_2'(0)a_{22} ,$$

also ein System von zwei linearen Gleichungen mit zwei Unbekannten. Setzen wir zu Abkürzung

$$a_{\mu\nu} \cdot s^2 + b_{\mu\nu} \cdot s + c_{\mu\nu} = p_{\mu\nu}(s)$$

und

$$Y_1(0)(a_{\mu 1} s + b_{\mu 1}) + Y_2(0)(a_{\mu 2} s + b_{\mu 2}) + Y_1'(0)a_{\mu 1} + Y_2'(0)a_{\mu 2} = r_\mu(s),$$

so steht da:

$$p_{11}y_1 + p_{12}y_2 = f_1 + r_1$$
$$p_{21}y_1 + p_{22}y_2 = f_2 + r_2 .$$

Dieses Gleichungssystem läßt sich durch Elimination lösen oder eleganter durch Determinanten:

$$
\begin{aligned}
y_1 &= \frac{1}{\Delta}\begin{vmatrix} f_1+r_1 & p_{12} \\ f_2+r_2 & p_{22} \end{vmatrix} = \frac{1}{\Delta}\begin{vmatrix} f_1 & p_{12} \\ f_2 & p_{22} \end{vmatrix} + \frac{1}{\Delta}\begin{vmatrix} r_1 & p_{12} \\ r_2 & p_{22} \end{vmatrix} \\[2mm]
y_2 &= \frac{1}{\Delta}\begin{vmatrix} p_{11} & f_1+r_1 \\ p_{21} & f_2+r_2 \end{vmatrix} = \frac{1}{\Delta}\begin{vmatrix} p_{11} & f_1 \\ p_{21} & f_2 \end{vmatrix} + \frac{1}{\Delta}\begin{vmatrix} p_{11} & r_1 \\ p_{21} & r_2 \end{vmatrix}
\end{aligned}
\qquad \text{mit } \Delta = \begin{vmatrix} p_{11} & p_{22} \\ p_{21} & p_{22} \end{vmatrix}
$$

(20)

Die Nennerdeterminante Δ ist im allgemeinen (wenn sich nicht gerade gewisse Potenzen wegheben) ein Polynom 4. Grades. Bei der Ausrechnung treten Glieder auf von der Form $f_\alpha \dfrac{\gamma_{\mu\nu}}{\Delta}$ und $\dfrac{r_\beta \gamma_{\mu\nu}}{\Delta}$. Wegen des Faltungssatzes genügt es, zu $\dfrac{\gamma_{\mu\nu}}{\Delta}$ und $\dfrac{r_\beta \gamma_{\mu\nu}}{\Delta}$ die Oberfunktion zu bestimmen, wobei $\gamma_{\mu\nu}$ vom zweiten und $r_\beta \gamma_{\mu\nu}$ vom dritten Grad ist. Für gebrochen rationale Funktionen $\dfrac{g(s)}{h(s)}$, bei denen der Zähler von geringerem Grad als der Nenner ist, kann man dieselbe Partialbruchzerlegung vornehmen wie für $\dfrac{1}{p(s)}$ in (13), nämlich (wenn die Nullstellen des Nenners h(s) alle verschieden sind):

$$\frac{g(s)}{h(s)} = \frac{k_1}{s - \alpha_1} + \frac{k_2}{s - \alpha_2} + \dots\dots\dots ;$$

Aus

$$\frac{g(s)}{h(s)}(s - \alpha_1) = \frac{g(s)}{\dfrac{h(s) - h(\alpha_1)}{s - \alpha_1}} = k_1 + k_2 \frac{s - \alpha_1}{s - \alpha_2} + \dots$$

folgt für $s \longrightarrow \alpha_1$

$$k_1 = \frac{g(\alpha_1)}{h'(\alpha_1)} \text{ , ebenso } k_2 = \frac{g(\alpha_2)}{h'(\alpha_2)} \qquad \text{usw.}$$

Zu jedem einzelnen Glied in den Ausdrücken für y_1 und y_2 kann man nun leicht die Oberfunktion angeben, sodaß die Aufgabe im Prinzip gelöst ist.

In speziellen Fällen können scheinbare Komplikationen dadurch eintreten, daß Δ nicht vom 4. Grad ist. Kommen z.B. in dem System (18) die 2. Ableitungen von Y_2 gar nicht vor, d.h. $a_{12} = a_{22} = 0$, so sind p_{12} und p_{22} nur vom 1. Grad, also Δ vom

3. Grad. Da $r_\beta p_{\mu\nu}$ vom 3. Grad ist, sieht es so aus, als ob gebrochen rationale Funktionen aufträten, bei denen Zähler und Nenner denselben Grad haben; zu solchen Funktionen gibt es keine Oberfunktion, was man schon daran erkennt, daß sie für $s \to \infty$ nicht gegen 0 streben (vgl.§3,2). Man rechnet aber leicht nach, daß in dem angenommenen Fall im Zähler gar kein Polynom dritten, sondern nur zweiten Grades auftritt. Der Koeffizient der

Potenz s^3 in $\begin{vmatrix} r_1 & p_{12} \\ r_2 & p_{22} \end{vmatrix}$ lautet:

$$\left(Y_1(0)a_{11}+Y_2(0)a_{12}\right)a_{22}-\left(Y_1(0)a_{21}+Y_2(0)a_{22}\right)a_{12} = Y_1(0)(a_{11}a_{22}-a_{12}a_{21})$$

und in $\begin{vmatrix} p_{11} & r_1 \\ p_{21} & r_2 \end{vmatrix}$:

$$\left(Y_1(0)a_{21}+Y_2(0)a_{22}\right)a_{11}-\left(Y_1(0)a_{11}+Y_2(0)a_{12}\right)a_{21} = Y_2(0)(a_{11}a_{22}-a_{12}a_{21})$$

Ist $a_{12} = a_{22} = 0$, so verschwinden diese Koeffizienten. In Wahrheit hat also der Zähler den Grad 2 und der Nenner den Grad 3, sodaß wieder eine Oberfunktion existiert.

§ 6. <u>Lösung von partiellen Differentialgleichungen</u>

1. <u>Vorbemerkungen</u>

Bei partiellen Differentialgleichungen $\overline{\text{LT 339-392}}$ ist
die Anwendung der Laplace-Transformation nicht ganz so einfach
und zwangsläufig wie bei gewöhnlichen Differentialgleichungen,
dafür trägt sie aber auch viel reichere Früchte. Sie gestattet
Probleme übersichtlich und nach einheitlicher Methode zu bewäl-
tigen, die nach den sonstigen Methoden überhaupt nicht oder nur
höchst umständlich behandelt werden können. Bei der großen Mannig-
faltigkeit von partiellen Differentialgleichungen, wie sie in
der Praxis auftreten, kann es sich hier in dieser kurzen Anleitung nur um das Vorrechnen von einigen typischen Beispielen han-
deln, die der Leser als Muster für andere Fälle verwenden mag.

Soll von partiellen Differentiationen die Rede sein, so
muß mehr als eine unabhängige Variable vorkommen. In der Folge
seien es zwei, die wir x und t nennen (aus Gründen, die gleich
verständlich werden). Man kann sie sich als Koordinaten in einer
xt-Ebene deuten. Die von x und t abhängende Variable, die in der
partiellen Differentialgleichung die Unbekannte ist, nennen wir
U : $U = U(x,t)$.

Damit eine bestimmte Lösung herauskommt, müssen gewisse
Bedingungen gegeben sein, wie das auch bei den gewöhnlichen
Differentialgleichungen der Fall war. Bei partiellen Differentialgleichungen handelt es sich immer von vornherein um ein ganz
bestimmtes "Grundgebiet" in der xt-Ebene, in dem sich der Vorgang
abspielt, während alles, was außerhalb liegt, überhaupt nicht
interessiert. Untersucht man z.B. die stationäre Strömung in
einem irgendwie begrenzten Kanal (wobei die Unbekannte U etwa
das Geschwindigkeitspotential ist), so ist selbstverständlich
dieser Kanal das Grundgebiet; außerhalb ist überhaupt keine Strömung vorhanden und die Funktion U nicht definiert. Die Zusatzbe-
dingungen bestehen nun meist darin, daß für die Funktion U auf dem
<u>Rand</u> des Grundgebietes ihre Werte oder die gewisser Ableitungen
vorgeschrieben sind, etwa in unserem Beispiel: Senkrecht zur

§ 6. Lösung von partiellen Differentialgleichungen

Kanalwand kann keine Strömung stattfinden, die Geschwindigkeit
senkrecht zur Kanalwand ist O. Manchmal sind auch gewisse Beziehungen zwischen der Funktion und ihren Ableitungen vorgeschrieben;
in anderen Fällen wiederum wird verlangt, daß die Funktion sich
im Unendlichen in gewisser Weise verhält, z.B. beschränkt bleibt.

Die für die Funktion oder ihre Ableitungen auf der Berandung
des Grenzgebietes vorgeschriebenen Werte heißen die Randwerte, und
die Forderung: eine Differentialgleichung mitsamt den vorgeschriebenen Randwerten zu erfüllen, nennt man ein Randwertproblem. Nun ist
es häufig so, daß die Variable eine räumliche Größe und t die Zeit
bedeutet. Es sei z.B. x eine Länge, die von 0 bis 1 variiert, während t als Zeit von 0 bis ∞ läuft; das Grundgebiet ist dann ein
Halbstreifen (Figur 1). In einem solchen Fall reser-
viert man den Ausdruck "Rand-
werte" für die an den räum-
lichen Rändern x = 0 und
x = 1 gegebenen Werte, während man die auf dem Rand
t = 0, d.h. für den Anfangs-
punkt der Zeitrechnung vorgeschriebenen Werte wie bei
gewöhnlichen Differentialgleichungen die "Anfangs-
werte" nennt.

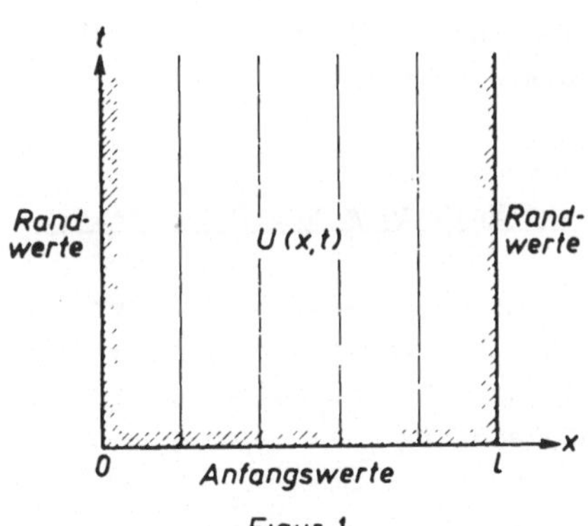

Figur 1

Handelt es sich um
eine gewöhnliche Differen-
tialgleichung und demgemäß um eine Funktion von e i n e r Variablen, so ist ganz klar, wie die $\mathfrak{L}$-Transformation auszuführen ist.
Bei zwei Variablen muß man sich beim Transformieren die eine Variable festgehalten denken, damit U eine Funktion nur der anderen wird.
Da die $\mathfrak{L}$-Transformation ein Integral von 0 bis ∞ ist, kann nur
hinsichtlich einer solchen Variablen transformiert werden, die
wirklich von 0 bis ∞ läuft. Wenn die Zeit als Variable vorkommt,
trifft dies in vielen Fällen auf sie zu (z.B. in der Elektrotechnik
bei allen Einschaltvorgängen). Es kann aber durchaus auch einmal
eine räumliche Variable von 0 bis ∞ laufen.

Bewegt sich in U(x,t) die Variable t zwischen 0 und ∞ , so
denken wir uns x für den Augenblick festgehalten und bilden bei
diesem speziellen x

$$\mathfrak{L}\{U(x,t)\} \;=\; \int_0^\infty e^{-st}U(x,t)\,dt = \text{Funktion von s.}$$

§ 6. Lösung von partiellen Differentialgleichungen

Betrachten wir nun x wieder als Variable, so ist dieselbe Transformation für jedes x durchzuführen, m.a.W. $\mathcal{L}\{U(x,t)\}$ hängt nicht nur von s, sondern auch von x ab, es ist eine Funktion von x und s: $u(x,s)$. Die Variable t ist infolge der Transformation durch s ersetzt, während x geblieben ist:

$$\mathcal{L}\{U(x,t)\} = u(x,s) .$$

Man kann sich das an Figur 1 so vorstellen, daß längs jeder einzelnen Vertikalen transformiert wird.

Beispiele:

$$\mathcal{L}\{e^{-xt}\} = \frac{1}{s+x} , \qquad \mathcal{L}\{\mathcal{J}_0(x\sqrt{t})\} = \frac{1}{s}\, e^{-\frac{x^2}{4s}} .$$

Nach diesen langatmigen, aber notwendigen Vorbemerkungen wollen wir einige konkrete Beispiele behandeln.

2. Ein Beispiel, bei dem die Methode glatt funktioniert

Die Temperatur in einem homogenen Metallstab von der Länge l ($0 \leqq x \leqq l$) kann nach Ort und Zeit variieren, sie ist also eine Funktion U von x und t. Der Temperaturablauf wird geregelt durch die partielle Differentialgleichung

$$\frac{k}{\rho c}\, \frac{\partial^2 U}{\partial x^2} = \frac{\partial U}{\partial t} ,$$

wo k die Leitfähigkeit, ρ die Dichte und c die spezifische Wärme ist. Der Einfachheit halber denken wir uns die Längeneinheit für x so normiert, daß $\frac{k}{\rho c} = 1$ ist:

$$(1) \qquad \frac{\partial^2 U}{\partial x^2} = \frac{\partial U}{\partial t} .$$

Dieselbe Differentialgleichung tritt bei vielen Ausgleichsvorgängen und z.B. auch bei der Spannungs- und Stromverteilung in einem Kabel auf, dessen Induktivität vernachlässigt werden kann. Zur Zeit $t = 0$ hat der Stab eine gewisse "Anfangstemperatur", die von Punkt zu Punkt verschieden sein kann und mit $U_0(x)$ bezeichnet werde:

$$(2) \qquad U(x,t) = U_0(x) \quad \text{für} \quad t=0 .$$

§ 6. Lösung von partiellen Differentialgleichungen

Das ist der "Anfangswert" oder die "Anfangsbedingung". Ferner seien an die beiden Stabenden Temperaturen von zeitlich wechselnder Stärke $A_0(t)$ und $A_1(t)$ angelegt:

(3) $U(x,t) = A_0(t)$ für $x = 0$, $U(x,t) = A_1(t)$ für $x = l$.

Das sind die "Randwerte" oder "Randbedingungen".

B e m e r k u n g : Streng genommen müssen diese Bedingungen etwas anders formuliert werden $\boxed{\text{LT } 340\text{-}342}$. Es wird sich nämlich herausstellen, daß die Lösung $U(x,t)$ ein Ausdruck ist, der für die Randpunkte $x = 0$, $x = l$ und $t = 0$ überhaupt keinen Sinn hat. Wenn nun aber ein analytischer Ausdruck an einer Stelle keinen Sinn hat (dort nicht definiert ist), so kann er doch einen Grenzwert bei Annäherung an diese Stelle besitzen. So ist z.B. $x \sin \frac{1}{x}$ für $x = 0$ nicht definiert (wegen des Auftretens des x im Nenner), trotzdem hat die Funktion für $x \longrightarrow 0$ den Grenzwert 0 (weil stets $|\sin\frac{1}{x}| \leqq 1$, der ganze Ausdruck also absolut genommen $\leqq |x|$ ist). Hierzu muß man bei Randwertproblemen seine Zuflucht nehmen: Das Einzige, was man verlangen kann, ist, daß der zu findende Lösungsausdruck den vorgeschriebenen Randwerten zustrebt, wenn man sich den Rändern nähert:

$$U(x,t) \longrightarrow U_0(x) \qquad \text{für } t \longrightarrow 0 ,$$

$$U(x,t) \longrightarrow A_0(t) \ \text{für } x \longrightarrow 0 \qquad U(x,t) \longrightarrow A_1(t) \quad \text{für } x \longrightarrow l .$$

Glücklicherweise bringt diese Forderung, daß $U(x,t)$ gegen gewisse Randwerte streben, also sich ihnen <u>stetig anschließen</u> soll, gerade das zum Ausdruck, was man sich physikalisch bei dem Begriff "Randwert" denkt.

Wir gehen genau so vor, wie bei einer gewöhnlichen Differentialgleichung $\boxed{\text{LT } 349\text{-}366}$ · Wir suchen zunächst das Abbild von Gleichung (1) im Unterbereich. Zu $\frac{\partial U}{\partial t}$ gehört nach Regel V das Abbild $s\, u(x,s) - U_0(x)$, da $U_0(x)$ der Anfangswert von $U(x,t)$, nämlich der Wert für $t = 0$ ist. Er ist hier bloß kein konstanter Wert, sondern an jeder Einzelstelle x, wo wir die $\mathcal{L}$-Transformation vorgenommen haben, ein anderer, also eine Funktion von x (man mache sich das an Figur 1 klar). Das Abbild von $\frac{\partial^2 U}{\partial x^2}$ ist

§ 6. Lösung von partiellen Differentialgleichungen

$$\mathcal{L}\left\{\frac{\partial^2 U}{\partial x^2}\right\} = \int_0^\infty e^{-st}\,\frac{\partial^2 U(x,t)}{\partial x^2}\,dt \quad.$$

Wenn das Integral sich mit der Differentiation vertauschen läßt,
was wir für die Anwendung unserer Methode annehmen müssen (siehe
hierüber Genaueres LT 346–348 und 364–365), so gilt:

$$\mathcal{L}\left\{\frac{\partial^2 U}{\partial x^2}\right\} = \frac{\partial^2}{\partial x^2}\int_0^\infty e^{-st}\,U(x,t)\,dt = \frac{\partial^2 u(x,s)}{\partial x^2} \quad.$$

Durch die $\mathcal{L}$-Transformation geht also (1) über in

$$\frac{\partial^2 u(x,s)}{\partial x^2} = s\,u(x,s) - U_0(x).$$

Da eine andere Differentiation als die nach x gar' nicht mehr'
vorkommt, können wir statt $\frac{\partial^2}{\partial x^2}$ auch $\frac{d^2}{dx^2}$ schreiben und erhalten
dann als Abbild von (1) im Unterbereich die gewöhnliche Differen-
tialgleichung

$$(4) \qquad \frac{d^2 u}{dx^2} = s\,u - U_0(x) \quad,$$

in der s die Rolle eines Parameters spielt, nicht die einer
Variablen, nach der differenziert wird. So mußte es ja heraus-
kommen, da durch die $\mathcal{L}$-Transformation die Differentiation nach
t entfernt wird: Aus einer gewöhnlichen Differentialgleichung
wird eine algebraische Gleichung, aus einer partiellen Differentialgleichung mit zwei unabhängigen Variablen wird eine gewöhnliche Differentialgleichung, aus einer partiellen Differentialgleichung mit drei unabhängigen Variablen eine solche mit zwei
Variablen usw.

Wie man sieht, ist die gegebene Anfangsbedingung (2) in die
Gleichung (4) eingetreten und läuft nicht mehr nebenher; sie wird
also automatisch berücksichtigt, was einen wesentlichen Vorteil
bedeutet. Was wird aber aus den Randbedingungen (3)? Dies sieht
man am besten an Figur 1. Die Funktion U(x,t) ist an jeder Zwi-
schenstelle x entlang einer Vertikalen transformiert worden,
wodurch die Funktion u(x,s) entstand. Auf den beiden äußersten
Vertikalen, den Rändern x = 0 und x = l , sind als U-Werte die

§ 6. Lösung von partiellen Differentialgleichungen

Funktionen $A_0(t)$ und $A_1(t)$ gegeben. Transformiert man auch sie, so bekommt man die Randwerte von $u(x,s)$ für $x = 0$ und $x = 1$ [Näheres hierüber siehe LT 346-347 und 362-366] . Setzt man

$$\mathcal{L}\{A_0(t)\} = a_0(s) , \qquad \mathcal{L}\{A_1(t)\} = a_1(s),$$

so hat man daher für die Lösung von (4) folgende Bedingungen:

$$(5) \qquad u(0,s) = a_0(s) , \qquad u(1,s) = a_1(s) .$$

Es liegt also hier der Fall vor, daß bei einer gewöhnlichen Differentialgleichung 2. Ordnung nicht die Werte der Funktion und ihrer ersten Ableitung an e i n e r Stelle (Anfangswertproblem), sondern die Werte der Funktion an zwei verschiedenen Stellen, den Rändern des betrachteten Intervalls, gegeben sind. Es handelt sich mithin um ein Randwertproblem für die Gleichung (4).

Der Effekt der $\mathcal{L}$-Transformation läßt sich folgendermaßen schematisieren:

Oberbereich : Part. Diff.-Gleich. (1), Anfangswert (2)   Randwerte (3)

Unterbereich: Gewöhnl. Diff.-Gleich. (4)   Randwerte (5)

Eine Differentialgleichung der Form (4) mit den Randbedingungen (5) pflegt man so zu behandeln, daß man erst die homogene Gleichung $(U_0(x) \equiv 0)$:

$$(6) \qquad \frac{d^2u}{dx^2} - s\,u = 0$$

unter den Randbedingungen (5) und dann die inhomogene Gleichung (4) unter den Randbedingungen

$$u(0,s) = 0 , \qquad u(1,s) = 0$$

löst. Die Summe beider Lösungen erfüllt offenbar die inhomogene Gleichung (4) unter den Randbedingungen (5):

§ 6. Lösung von partiellen Differentialgleichungen

$$\frac{d^2 u_I}{dx^2} - s\, u_I = 0 \quad , \qquad u_I(0,s) = a_0(s), \quad u_I(1,s) = a_1(s)$$

$$\frac{d^2 u_{II}}{dx^2} - s\, u_{II} = -U_0(x), \qquad u_{II}(0,s) = 0 \quad , \quad u_{II}(1,s) = 0$$

$$\frac{d^2(u_I + u_{II})}{dx^2} - s(u_I + u_{II}) \qquad u_I(0,s) + u_{II}(0,s) \qquad u_I(1,s) + u_{II}(1,s)$$

$$= -U_0(x), \qquad\qquad = a_0(s), \qquad\qquad = a_1(s).$$

Da $u(0,s) = u(1,s) = 0$ gleichbedeutend ist mit $U(0,t) = U(1,t) = 0$, haben wir also die zwei Fälle zu unterscheiden:

$$\text{a) } U_0(x) \equiv 0 , \qquad \text{b) } A_0(t) \equiv A_1(t) \equiv 0 .$$

a) Die Anfangstemperatur $U_0(x)$ verschwindet

Zur Lösung der homogenen Gleichung (6) setzt man in üblicher Weise $u = e^{\alpha x}$ und bekommt für α die Gleichung $\alpha^2 - s = 0$. Die beiden Lösungen $\alpha = \pm\sqrt{s}$ ergeben die partikulären Integrale $e^{\sqrt{s}\,x}$ und $e^{-\sqrt{s}\,x}$, vermittels deren sich das allgemeine Integral in der Form $c_1 e^{\sqrt{s}\,x} + c_2 e^{-\sqrt{s}\,x}$ darstellen läßt. Die beiden Konstanten c_1 und c_2 hat man so zu bestimmen, daß die Randbedingungen (5) erfüllt sind. Am elegantesten ist es, zunächst die zwei Partikularlösungen zu suchen, die im linken und rechten Randpunkt die Werte 1 und 0, bzw. 0 und 1 haben. Das sind

$$u_0(x,s) = \frac{e^{(1-x)\sqrt{s}} - e^{-(1-x)\sqrt{s}}}{e^{1\sqrt{s}} - e^{-1\sqrt{s}}} = \frac{\operatorname{Sin}(1-x)\sqrt{s}}{\operatorname{Sin}1\sqrt{s}}$$

und

$$u_1(x,s) = \frac{e^{x\sqrt{s}} - e^{-x\sqrt{s}}}{e^{1\sqrt{s}} - e^{-1\sqrt{s}}} = \frac{\operatorname{Sin}x\sqrt{s}}{\operatorname{Sin}1\sqrt{s}}$$

§ 6. Lösung von partiellen Differentialgleichungen

Mit ihnen läßt sich die den Randbedingungen (5) genügende Lösung
so hinschreiben:

$$u(x,s) = a_0(s)\, u_0(x,s) + a_1(s)\, u_1(x,s) .$$

Nach Tabelle **5**.45 gehören zu $u_0(x,s)$ und $u_1(x,s)$ die Oberfunktionen

$$U_0(x,t) = -\frac{1}{t}\, \frac{\partial \vartheta_1\!\left(\frac{x}{2l},\frac{t}{l^2}\right)}{\partial x} \qquad \text{für } 0 < x < 2l$$

und

$$U_1(x,t) = \frac{1}{t}\, \frac{\partial \vartheta_2\!\left(\frac{l-x}{2l},\frac{t}{l^2}\right)}{\partial x} \qquad \text{für } -l < x < l .$$

In dem Intervall $0 < x < l$ ergibt sich daher nach Regel IX:

$$(7) \qquad U(x,t) = A_0(t) \ast U_0(x,t) + A_1(t) \ast U_1(x,t)$$

oder explizit:

$$U(x,t) = \frac{2\pi}{l^2}\left(A_0(t) \ast \sum_{n=1}^{\infty} n\,\sin n\frac{\pi}{l}x\; e^{-n^2\frac{\pi^2}{l^2}t} - A_1(t) \ast \sum_{n=1}^{\infty} (-1)^n n\,\sin n\frac{\pi}{l}x\; e^{-n^2\frac{\pi^2}{l^2}t}\right) .$$

b) Die Randtemperaturen $A_0(t)$ und $A_1(t)$ verschwinden

Nunmehr hat man die inhomogene Gleichung (4) unter den Randbedingungen $a_0(s) \equiv a_1(s) \equiv 0$ zu lösen. Hierfür gibt es in den
Lehrbüchern der Differentialgleichungen verschiedene Methoden und
Lösungsformen. Für unsere Zwecke am brauchbarsten ist die folgende:
Bildet man die Funktion

$$\gamma(x,\xi,s) = \begin{cases} \dfrac{\operatorname{\mathfrak{Sin}}(1-x)\sqrt{s}\ \operatorname{\mathfrak{Sin}}\xi\sqrt{s}}{\sqrt{s}\ \operatorname{\mathfrak{Sin}}l\sqrt{s}} & \text{für } 0 \leqq \xi \leqq x \\[3ex] \dfrac{\operatorname{\mathfrak{Sin}}(1-\xi)\sqrt{s}\ \operatorname{\mathfrak{Sin}}x\sqrt{s}}{\sqrt{s}\ \operatorname{\mathfrak{Sin}}l\sqrt{s}} & \text{für } x \leqq \xi \leqq l , \end{cases}$$

die außer von dem Parameter s von zwei Variablen x und ξ abhängt und bei Darstellung in einer x ξ -Ebene unterhalb und oberhalb der Geraden x = ξ verschieden definiert ist (und zwar so,
daß sie symmetrisch in x und ξ wird), so läßt sich u(x,s) in
der Form darstellen:

$$u(x,s) = \int_0^l \gamma(x,\xi,s)\, U_0(\xi)\, d\xi \ .$$

Nach Tabelle 5.73 gehört zu $\gamma(x, \xi\, ;s)$ die Oberfunktion

$$\Gamma(x,\xi;t) = \frac{1}{2l}\left[\vartheta_3\!\left(\frac{x-\xi}{2l}, \frac{t}{l^2}\right) - \vartheta_3\!\left(\frac{x+\xi}{2l}, \frac{t}{l^2}\right)\right]$$

$$= \frac{2}{l}\sum_{n=1}^{\infty} e^{-n^2 \frac{\pi^2}{l^2} t^2}\, \sin n\frac{\pi}{l}x \, \sin \frac{\pi}{l}\xi \ ,$$

also zu u(x,s):

$$(8) \qquad U(x,t) = \int_0^l \Gamma(x,\xi;t)\, U_0(\xi)\, d\xi$$

wenn man die $\mathcal{L}$-Transformation mit dem Integral $\int_0^l \ldots d\xi$ vertauscht.

Die Summe der beiden Funktionen (7) und (8) stellt die
vollständige Lösung des durch (1), (2) und (3) formulierten Problems dar.

Wir fassen den Ablauf der Lösungsmethode für eine partielle
Differentialgleichung mit zwei unabhängigen Variablen noch einmal
schematisch zusammen:

S c h e m a

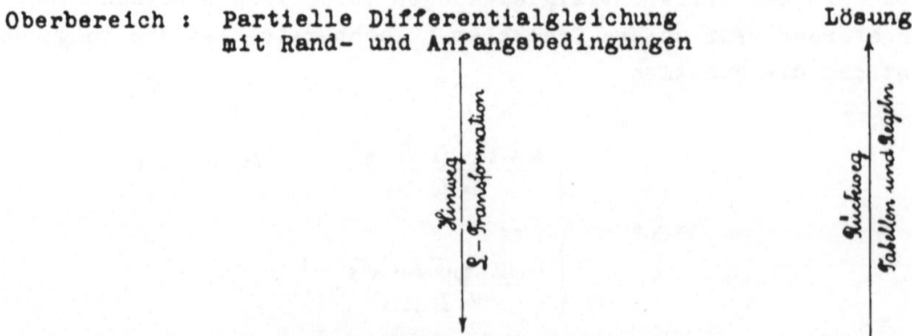

§ 6. Lösung von partiellen Differentialgleichungen

---

3. Ein Beispiel, bei dem zusätzliche Überlegungen notwendig sind

In dem behandelten Beispiel ergab sich als Lösung der transformierten Gleichung eine Funktion, die offensichtlich eine Unterfunktion war und zu der man die Oberfunktion sogleich angeben konnte. Manchmal kommt man aber auf Funktionen, die schon deshalb keine Unterfunktionen sein können, weil sie nicht in einer rechten Halbebene analytisch sind (siehe § 3,3). Wollen wir z.B. die Potentialgleichung $[LT\ 378\text{-}383]$

$$(9) \qquad \frac{\partial^2 U}{\partial x^2} + \frac{\partial^2 U}{\partial t^2} = 0$$

in dem Halbstreifen $0 < x < l$, $t > 0$ integrieren, so brauchen wir wegen des Auftretens der 2. Ableitung nach t die Werte von U und $\frac{\partial U}{\partial t}$ für t = 0 und kommen mit den Bezeichnungen (U_t bedeutet $\frac{\partial U}{\partial t}$)

$$(10) \qquad U(x,0) = U_0(x) , \qquad U_t(x,0) = U_1(x) ,$$

$$(11) \qquad U(0,t) = A_0(t) , \qquad U(l,t) = A_1(t)$$

auf die transformierte Gleichung

$$(12) \qquad \frac{d^2 u}{dx^2} + s^2 u = U_0(x)s + U_1(x)$$

mit den Randbedingungen

$$(13) \qquad u(0,s) = a_0(s) , \qquad u(l,s) = a_1(s) .$$

Der Vergleich von (12) mit (4) zeigt, daß man die Lösung aus der des vorigen Beispiels erhält, indem man s durch $-s^2$ und $U_0(x)$ durch $-(U_0(x)s + U_1(x))$ ersetzt, sodaß sie wegen $\mathfrak{Sin}\,i\alpha = i\sin\alpha$ so aussieht:

$$(14) \quad u(x,s) = a_0(s)\frac{\sin(l-x)s}{\sin ls} + a_1(s)\frac{\sin xs}{\sin ls} - \int_0^l \gamma(x,\xi;s)\big[U_0(\xi)s + U_1(\xi)\big]d\xi$$

mit

$$\mathcal{J}(x,\,\xi\,;\,s) = \begin{cases} \dfrac{\sin(l-x)s\,\sin\xi\,s}{s\,\sin l\,s} & \text{für } 0 \leqq \xi \leqq x \\[2em] \dfrac{\sin(l-\xi)s\,\sin xs}{s\,\sin l\,s} & \text{für } x \leqq \xi \leqq l \end{cases}$$

Dies ist im allgemeinen, d.h. wenn a_0, a_1, U_0, U_1 beliebig sind, keine Unterfunktion, da der in allen Gliedern auftretende Nenner $\sin l s$ die Nullstellen $s = n\frac{\pi}{l}$ ($n = 0, \pm 1, \pm 2, \ldots$) hat, sodaß $u(x,s)$ in jeder rechten Halbebene Singularitäten besitzt[15]. Deshalb braucht man aber nicht zu verzweifeln, sondern kann hieraus gerade eine wichtige Folgerung ziehen. Das Nullwerden des Nenners an den in der Halbebene $\mathcal{R}s > 0$ liegenden Stellen $n\frac{\pi}{l}$ ($n=1,2,..$) wird nämlich neutralisiert, wenn der Zähler an denselben Stellen verschwindet[16], d.h. wenn

$$a_0(n\tfrac{\pi}{l})\,\sin(l-x)\,n\tfrac{\pi}{l} + a_1(n\tfrac{\pi}{l})\,\sin x\,n\tfrac{\pi}{l}$$

$$- \int_0^x \frac{\sin(l-x)\,n\frac{\pi}{l}\,\sin\xi\,n\frac{\pi}{l}}{n\frac{\pi}{l}}\left[U_0(\xi)\,n\tfrac{\pi}{l} + U_1(\xi)\right]d\xi$$

$$- \int_x^l \frac{\sin(l-\xi)\,n\frac{\pi}{l}\,\sin x\,n\frac{\pi}{l}}{n\frac{\pi}{l}}\left[U_0(\xi)\,n\tfrac{\pi}{l} + U_1(\xi)\right]d\xi = 0$$

---

[15] In dem vorigen Beispiel lautete der entsprechende Nenner $\mathcal{T}\!\!\sin l\sqrt{s}$, der seine Nullstellen für $l\sqrt{s} = n\pi i$, d.h. bei $s = -n^2\frac{\pi^2}{l^2}$ hat. Die Singularitäten von $u(x,s)$ liegen also alle in der linken Halbebene, was nicht stört.

[16] Die dem Wert $n=0$ entsprechende Stelle $s=0$ ist von vornherein keine Singularität, da für $s=0$ nicht bloß die Nenner, sondern auch die Zähler in den einzelnen Summanden verschwinden. Daher ist $u(x,s)$ für $s=0$ regulär, sein Wert ist gleich dem Grenzwert für $s \longrightarrow 0$; der Grenzwert z.B. von $\frac{\sin xs}{\sin xl}$ für $s \longrightarrow 0$ ist gleich $\frac{x}{l}$, der von $\frac{\sin(l-x)s}{s}$ ist $l-x$.

für $n = 1, 2, \ldots$ ist. Diese Gleichung vereinfacht sich durch

$$\sin(l-x)\,n\frac{\pi}{l} = -(-1)^n \sin n\frac{\pi}{l}x \;, \quad \sin(l-\xi)\,n\frac{\pi}{l} = -(-1)^n \sin n\frac{\pi}{l}\xi$$

zu

$$-(-1)^n n\frac{\pi}{l}a_0\left(n\frac{\pi}{l}\right) + n\frac{\pi}{l}a_1\left(n\frac{\pi}{l}\right) + (-1)^n \int_0^l \sin n\frac{\pi}{l}\xi\left[n\frac{\pi}{l}U_0(\xi) + U_1(\xi)\right]d\xi = 0$$

oder, wenn man a_0 und a_1 durch A_0 und A_1 ausdrückt, zu

$$(15) \quad n\frac{\pi}{l}\int_0^l U_0(\xi)\sin n\frac{\pi}{l}\xi\,d\xi + \int_0^l U_1(\xi)\sin n\frac{\pi}{l}\xi\,d\xi + n\frac{\pi}{l}\int_0^\infty e^{-n\frac{\pi}{l}t}\left[(-1)^n A_1(t) - A_0(t)\right]dt = 0$$

für $n = 1, 2, \ldots$.

Damit (14) eine in der Halbebene $\mathcal{R}s > 0$ analytische Funktion darstellen kann, muß zwischen den 4 Funktionen $U_0(x)$, $U_1(x)$, $A_0(t)$, $A_1(t)$ die Relation (15) bestehen, sodaß sie nicht unabhängig voneinander gegeben werden können. Sind z.B. die Randwerte $U_0(x)$, $A_0(t)$, $A_1(t)$ der Funktion $U(x,t)$ gegeben, so ist der Fourierkoeffizient von $U_1(x)$

$$c_n = \int_0^l U_1(\xi)\sin n\frac{\pi}{l}\xi\,d\xi \qquad (n = 1, 2, \ldots)$$

und damit $U_1(x)$ selbst:

$$U_1(x) = \frac{2}{l}\sum_{n=1}^\infty c_n \sin n\frac{\pi}{l}x$$

bekannt. In der Tat weiß man aus der allgemeinen Theorie der Potentialgleichung, daß zur eindeutigen Bestimmung des Potentials die Kenntnis der Randwerte der Funktion allein genügt.

Man hat also bei gegebenen $U_0(x)$, $A_0(t)$, $A_1(t)$ zunächst $U_1(x)$ so zu bestimmen, daß (15) erfüllt ist. Dann ist $u(x,s)$ auch an den Stellen $n\frac{\pi}{l}$ regulär und die zugehörige Oberfunktion läßt sich berechnen [LT 381].

4. Ein Beispiel, bei dem die bedenkenlose Verwendung der komplexen Umkehrformel zu einem falschen Resultat führt

Wir greifen auf die Wärmeleitungsgleichung (1), also

$\dfrac{\partial^2 U}{\partial x^2} = \dfrac{\partial U}{\partial t}$ zurück und wollen einmal den Fall betrachten, daß $l = \infty$, also das rechte Ende des Stabes ins Unendliche hinausgewandert ist (bei Kabeln wird dieser Fall besonders häufig angenommen). Weil sich jetzt nicht bloß t, sondern auch x von 0 bis ∞ bewegt, kann man, statt wie früher in der t-Richtung, auch einmal in der x-Richtung transformieren. Da in (1) die zweite Ableitung nach x vorkommt, braucht man dazu nach Regel V den Wert von U und von $\dfrac{\partial U}{\partial x} = U_x$ für $x = 0$. Wir setzen

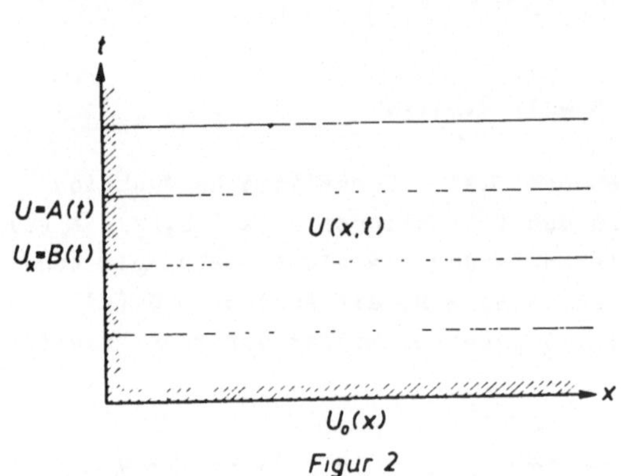

Figur 2

(vgl. Figur 2)

(16) $\qquad U(0,t) = A(t) , \qquad U_x(0,t) = B(t)$

und außerdem wie früher

(17) $\qquad U(x,0) = U_0(x) .$

Die Variable, die bei der Transformation von U herausfällt und durch eine neue ersetzt wird, ist jetzt x. Damit es keine Verwechslung mit dem früheren Fall gibt, wo t durch s ersetzt wurde, wollen wir die neue Variable jetzt nicht wieder s, sondern y nennen, also die Unterfunktion in der Form schreiben:

$$\int_0^\infty e^{-yx} U(x,t)dx = u(y,t) .$$

§ 6. Lösung von partiellen Differentialgleichungen

Die Transformation in der x-Richtung ergibt dann die gewöhnliche Differentialgleichung erster Ordnung in der Variablen t mit dem Parameter y:

$$(18) \qquad y^2 u(y,t) - y\, A(t) - B(t) = \frac{du(y,t)}{dt} \quad .$$

Transformieren wir auch noch (17) und setzen $\mathcal{L}\{U_o(x)\} = u_o(y)$, so erhalten wir zu (18) die Bedingung

$$(19) \qquad u(y,0) = u_o(y) \quad .$$

Damit ist die Aufgabe im Unterbereich völlig bestimmt, die Lösung lautet nach § 5 Formel (5):

$$(20) \qquad u(y,t) = u_o(y)e^{y^2 t} - \int_0^t e^{y^2(t-\tau)} \left(y\, A(\tau) + B(\tau) \right) d\tau \quad .$$

Nun ist zweierlei zu bemerken: 1) Wer die Ausführungen in § 3,2 über "Grenzwerte" kennt und beachtet, sieht sofort, daß e^{ty^2} in Abhängigkeit von y keine Unterfunktion sein kann, da die Funktion bei positivem t, wie es bei uns vorliegt, für $y \to \infty$ nicht gegen 0 strebt[17]. 2) Wie wir von dem Beispiel unter 2.(S.42) wissen, ist die Lösung der Wärmeleitungsgleichung bereits vollständig bestimmt, wenn die Randwerte der Funktion allein, also $U_o(x)$ und A(t) gegeben sind. In (20) kommt folglich eine Funktion zuviel vor, nämlich B(t), ähnlich wie bei dem Beispiel unter 3. in (14) die Funktion $U_1(x)$. - Beide Bemerkungen zusammengenommen müßten eigentlich wie unter 3. gerade dazu führen, die überflüssige Funktion B(t) zu eliminieren und (20) zu einer Unterfunktion umzugestalten. Wir wollen uns nun aber einmal auf den Standpunkt eines naiven Rechners stellen, der von Theorie nicht viel weiß und der glücklich ist, überhaupt eine Lösung im Unterbereich in Gestalt der Formel (20) gefunden zu haben. Dieser wird die Funktion e^{ty^2} (oder in der sonst üblichen Schreibweise e^{ts^2}) in der Tabelle nicht finden und daher zu der komplexen Umkehrformel in § 3,5 greifen. Diese läßt ihn nun tatsächlich nicht im Stich, sondern ergibt einen Ausdruck, der unmittelbar ausgerechnet werden kann. Für rein

---

[17]Nebenbei bemerkt ist e^{ty^2} auch für negatives t keine Unterfunktion.

imaginäres $y = i\eta$ ist nämlich $e^{ty^2} = e^{-t\eta^2}$, sodaß das Umkehrintegral in § 3,5 (in dem wir unter den jetzigen Bezeichnungen s durch y und t durch x zu ersetzen haben) sehr stark konvergiert, wenn wir die dort mit x bezeichnete Abszisse gleich 0
setzen:

$$\frac{1}{2\pi i}\int_{-i\infty}^{+i\infty} e^{xy}e^{ty^2}dy = \frac{1}{2\pi}\int_{-\infty}^{+\infty} e^{ix\eta - t\eta^2}d\eta = \frac{e^{-\frac{x^2}{4t}}}{2\pi}\int_{-\infty}^{+\infty} e^{-\left(i\frac{x}{2\sqrt{t}} - \sqrt{t}\,\eta\right)^2}d\eta$$

oder mit $i\frac{x}{2\sqrt{t}} - \sqrt{t}\,\eta = -u$:

$$\frac{1}{2\pi\sqrt{t}}e^{-\frac{x^2}{4t}}\int_{-\infty - i\frac{x}{2\sqrt{t}}}^{+\infty - i\frac{x}{2\sqrt{t}}} e^{-u^2}du$$

Dieses Integral ist über eine Horizontale der komplexen Ebene in
der Höhe $-\dfrac{x}{2\sqrt{t}}$ zu erstrecken. Nimmt man statt der unendlichen Geraden zunächst ein endliches Stück I, so ist nach dem
Cauchyschen Satz (siehe Figur 3):

$$\int_{I} = \int_{II} + \int_{III} + \int_{IV} \quad ,$$

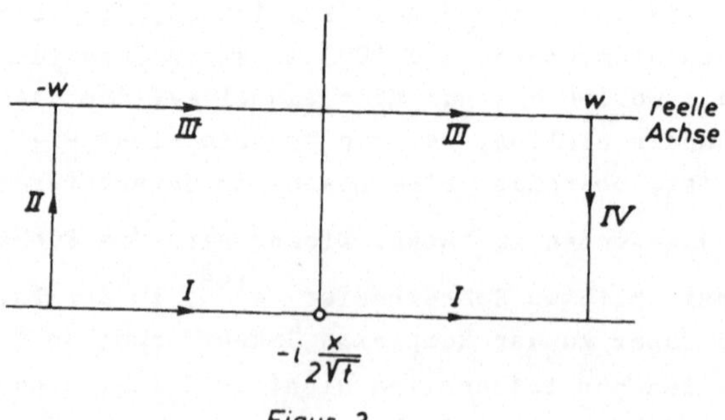

Figur 3

da e^{-u^2} im Endlichen überall analytisch ist. Nun ist auf IV:
$u = w + i\,v$, $u^2 = w^2 - v^2 + 2\,i\,w\,v$, also

§ 6. Lösung von partiellen Differentialgleichungen

$$\left|e^{-u^2}\right| = \left|e^{-w^2+v^2-2\,iwv}\right| = e^{-w^2+v^2}$$

und

$$\left|\int_{W}e^{-u^2}du\right| \leqq e^{-w^2}\int_{0}^{\frac{x}{2\sqrt{t}}}e^{v^2}dv \ .$$

Mit wachsendem w strebt also $\int_{W}$ gegen 0; dasselbe gilt für $\int_{II}$. Folglich ist das Integral über die Horizontale in der Höhe $-\dfrac{x}{2\sqrt{t}}$ gleich dem Integral über die reelle Achse, und dies liefert bekanntlich $\sqrt{\pi}$.

Also ergibt die komplexe Umkehrformel, auf e^{ty^2} angewendet, die Funktion $\dfrac{1}{2\sqrt{\pi t}}\,e^{\frac{x^2}{4t}} = \dfrac{1}{2}\,\chi\,(x,t)$. (N.B.   t spielt in unserer jetzigen Bezeichnung die Rolle eines Parameters; die Variable ist x.) Dies ist auch tatsächlich in der Variablen x eine Oberfunktion, d.h. die $\mathcal{L}$-Transformation läßt sich darauf anwenden, bloß liefert sie leider nicht e^{ty^2} , sondern

$$\int_{0}^{\infty}e^{-yx}\frac{1}{2\sqrt{\pi t}}\,e^{-\frac{x^2}{4t}}dx = \frac{e^{ty^2}}{2\sqrt{\pi t}}\int_{0}^{\infty}e^{-\left(y\sqrt{t}+\frac{x}{2\sqrt{t}}\right)^2}dx = \frac{e^{ty^2}}{\sqrt{\pi}}\int_{y\sqrt{t}}^{\infty}e^{-u^2}du \ .$$

Dieses Beispiel zeigt, wie vorsichtig man mit der komplexen Umkehrformel sein muß: es kann sehr wohl vorkommen, daß sie konvergiert und sogar eine Oberfunktion liefert, daß aber deren zugehörige Unterfunktion nicht mit der Funktion übereinstimmt, von der man ausgegangen ist.

*　　*　　*

§ 6. Lösung von partiellen Differentialgleichungen

In dem S. 3 angeführten Buch von K.W. Wagner, in dem die komplexe Umkehrformel ausgiebig benutzt wird und zwar (trotz gelegentlicher Angabe von richtigen allgemeinen Sätzen) bei der wirklichen Verwendung immer ohne Verifizierung exakter Gültigkeitsgrenzen, heißt es S.38,39: "Wir können darüber beruhigt sein, daß die Umkehrformel immer dann anwendbar ist und zum richtigen Ergebnis führt, solange wir die Operatorfunktion [d.h. die Unterfunktion] $f(p)$ aus einem physikalischen Einschaltproblem ordnungsgemäß bestimmt haben". Unsere Funktion e^{ty^2} war aus einem physikalischen Einschaltproblem (das bedeutet: die Variable läuft von 0 bis ∞) bestimmt, und trotzdem führte die Umkehrformel in die Irre.

Daß die Umkehrformel unter Nichtbeachtung der für ihre Gültigkeit hinreichenden Voraussetzungen zu einem falschen Resultat führen kann, ist bereits in LT 89 durch dasselbe Beispiel wie oben (mit $t = 1$) illustriert worden. Da dort das Beispiel nicht aus einem Randwertproblem erwuchs, sondern losgelöst von solchen Beziehungen rein für sich betrachtet wurde, wird es von K.W. Wagner, a.a.O. S.27, Fußnote 2, damit zu entkräften versucht, "daß es überhaupt kein physikalisches System gibt, welches für den Einschaltvorgang die angenommene Operatorfunktion hat .... Es handelt sich also um ein künstlich konstruiertes Beispiel ohne Wirklichkeitsbedeutung". Diese Behauptung ist durch die obige Ableitung widerlegt. Man sieht, wie gefährlich die bei Abwehr von unbequemen mathematischen Vorsichtsmaßregeln gern gebrauchte Redensart ist: "So etwas kommt in der Praxis nicht vor".

Die Aufklärung für das Versagen der Umkehrformel findet sich bereits in LT 90 : Sie ist nämlich eigentlich die Umkehrformel zu der nach b e i d e n Seiten ins Unendliche erstreckten

$\mathfrak{L}$-Transformation $\int\limits_{-\infty}^{+\infty} e^{-yx} F(x)dx$, in der die von uns bisher benutzte $\mathfrak{L}$-Transformation für den Fall "$F(x) = 0$ für $x < 0$" enthalten ist. Mit dieser bekommt man in der Tat, wie man nachrechnen kann [LT 90] , aus der durch die Umkehrformel gelieferten Funktion die Unterfunktion e^{ty^2}:

$$\int\limits_{-\infty}^{+\infty} e^{-yx} \frac{1}{2\sqrt{\pi t}} e^{-\frac{x^2}{4t}} dx = e^{ty^2}$$

§ 6. Lösung von partiellen Differentialgleichungen

Die Transformation $\int_{-\infty}^{+\infty}$, die mit $\mathcal{L}_I$ bezeichnet wird, "paßt" zu dem Wärmeleitungsproblem für den nach beiden Seiten ins Unendliche laufenden Stab ($-\infty < x < +\infty$) . Hier ist weiter nichts gegeben als $U(x,0) = U_0(x)$; ferner lautet die Regel V hier:

$\mathcal{L}_{II}\{F''\} = y^2\mathcal{L}\{F\}$, sodaß man einfach die transformierte Gleichung

$$y^2 u(y,t) = \frac{du}{dt}$$

mit der Bedingung $u(y,0) = u_0(y) = \mathcal{L}_{II}\{U_0(x)\}$ erhält, deren Lösung lautet:

$$u(y,t) = u_0(y)e^{ty^2} .$$

Nun entspricht bei $\mathcal{L}_{II}$ dem Produkt $f_1 f_2$ im Unterbereich auch eine Faltung im Oberbereich, sie hat aber die Form

$$\int_{-\infty}^{+\infty} F_1(\xi) F_2(x-\xi)\,d\xi$$

Daher erhält man im Oberbereich:

$$U(x,t) = \int_{-\infty}^{+\infty} U_0(\xi)\frac{1}{2\sqrt{\pi t}}e^{-\frac{(x-\xi)^2}{4t}}\,d\xi ,$$

und das ist die richtige, altbekannte Lösung des vorliegenden Problems.

*   *   *

Die Erfahrungen bei dem letzten Beispiel werden einen vorsichtigen Rechner veranlassen, <u>eine gewonnene Lösung immer nachträglich zu verifizieren</u>, d.h. festzustellen, ob sie die gegebene Differentialgleichung und die vorgeschriebenen Rand- und Anfangsbedingungen wirklich erfüllt. Wird diese Vorsichtsmaßregel beachtet, so darf man es sich auch ruhig leisten, einmal "draufloszurechnen" und z.B. sogar die Umkehrformel ohne exakte Legitimierung zu benutzen (vgl. das S. 10 Gesagte), weil ein eventueller Fehler dann am Schluß doch bemerkt werden muß. - Streng genommen ist diese nachträgliche Verifikation bei der Lösung von partiellen Differentialgleichungen überhaupt i m m e r und bei j e d e r Methode vorzunehmen, da jede Methode - auch die unsere - von einer Anzahl von Voraussetzungen Gebrauch macht, deren Erfülltsein durch die Lösung von vornherein garnicht bekannt ist. So wird bei unserer Methode vorausgesetzt, daß die Lösung eine Unterfunktion besitzt, was ja überhaupt nicht der Fall zu sein brauchte [Näheres siehe LT 286] .

§ 7. Die Beziehungen zu der "funktionentheoretischen Methode"

und dem Heaviside-Kalkül

Obwohl es nicht zu den Aufgaben einer Ableitung zum Gebrauch der nachfolgenden Tabellen gehört, wollen wir hier noch kurz auf zwei Methoden eingehen, die mit der durch die Laplace-Transformation gelieferten in naher Beziehung stehen.

1. Die "funktionentheoretische Methode"

Hat man bei einer Differentialgleichung nach der in § 5 und § 6 geschilderten Methode die Unterfunktion gefunden, so kann man versuchen, die zugehörige Oberfunktion durch das komplexe Umkehrintegral (siehe § 3,5) zu bestimmen. Wie in § 6,4 gezeigt wurde, ist das nicht immer durchführbar. Ist es aber möglich, so kann man sich sagen [LT 389] : Dann hätte man die Lösung ja auch unmittelbar in dieser Gestalt ansetzen können, die z.B. bei einer Funktion $U(x,t)$ mit zwei Variablen so aussieht:

$$(1) \qquad U(x,t) = \frac{1}{2\pi i} \int_{\sigma-i\infty}^{\sigma+i\infty} e^{ts}\, u(x,s)\, ds .$$

Diese Lösungsform ist übrigens besonders dem Physiker sehr plausibel, denn setzt man

§ 7. Funktionentheoretische Methode

$$S = \sigma + i\tau \quad , \quad u(x, \sigma + i\tau) = v(x, \sigma, \tau)\, e^{i\,\psi(x,\sigma,t)}$$

(v = Absolutbetrag, ψ = Winkel), so steht da:

$$U(x,t) = \frac{e^{\sigma t}}{2\pi} \int\limits_{-\infty}^{+\infty} v(x,\sigma,\tau)\, e^{i\left(t\tau + \psi(x,\sigma,\tau)\right)} d\tau \ .$$

Der physikalische Zustand U(x,t) erscheint also hier, abgesehen von dem Dämpfungsfaktor $e^{\sigma t}$, als aufgespalten in das Spektrum aller zeitlichen Schwingungen $e^{i(t\tau + \psi)}$ mit den Frequenzen τ $(-\infty < \tau < +\infty)$, den Phasenverschiebungen ψ und den Amplituden v.(Dieses für ein unendliches t-Intervall geltende "Fourier-Integral" ist das kontinuierliche Analogon zur Fourierreihe, die man zur Entwicklung einer Funktion in einem e n d l i c h e n Intervall zu verwenden gewöhnt ist.)

Geht man mit dem Ansatz (1) in die vorliegende partielle. Differentialgleichung, z.B. in die Wärmeleitungsgleichung (1) von § 6, hinein, so erhält man (unter der Voraussetzung, daß die Differentiationen mit dem Integral vertauschbar sind) die Gleichung

$$\frac{1}{2\pi i} \int\limits_{\sigma - i\infty}^{\sigma + i\infty} e^{ts} \left(\frac{\partial^2 u}{\partial x^2} - su\right) ds = 0 \qquad \text{für } t > 0 \ ,$$

woraus man (zum mindesten, wenn das Integral absolut konvergiert, vgl. LT 102, Satz 2) schließen kann:

$$(2) \qquad \frac{\partial^2 u}{\partial x^2} - su = 0 \ .$$

Es ergibt sich also f a s t die Hilfsgleichung (4) von § 6 - mit dem wesentlichen Unterschied, daß das den Anfangszustand $U_0(x)$ charakterisierende Glied $U_0(x)$ fehlt. Der Ansatz (1) kann daher nur für $U_0(x) \equiv 0$ das richtige Resultat liefern. Das ist ein schwerwiegender Nachteil dieser alten, bis auf Laplace und Cauchy zurückgehenden und immer wieder von neuem entdeckten Methode. Bei Cauchy trifft man auch bereits dasjenige Moment an, das der Methode in technischen Kreisen, wo sie große Beliebtheit genießt, den Namen

"funktionentheoretische Methode" eingetragen hat, nämlich die
Verschiebung des Integrationsweges auf Grund des Cauchyschen
Integralsatzes an Stellen, die für die Ausrechnung günstiger
sind, und die Auswertung des komplexen Integrals, mit dem man in
der Gestalt (1) meist nichts anfangen kann, durch Residuenkalkül.
Wir wollen das an dem Beispiel der in §6,2 (S. 47) aufgetretenen
Funktion $U_1(x,t)$ vorführen. Hier hatte sich (übrigens gerade für
den Fall $U_0(x) \equiv 0$) ergeben:

$$u_1(x,s) = \frac{\mathfrak{S}\mathrm{in}\, x\sqrt{s}}{\mathfrak{S}\mathrm{in}\, 1\sqrt{s}} = \frac{\sin x\sqrt{-s}}{\sin 1\sqrt{-s}} \ ,$$

sodaß es sich um die Auswertung des komplexen Integrals handelt:

$$U_1(x,t) = \frac{1}{2\pi i} \int_{\sigma-i\infty}^{\sigma+i\infty} e^{ts} \frac{\sin x\sqrt{-s}}{\sin 1\sqrt{-s}}\, ds \ ,$$

Um Residuenrechnung anwenden zu können, müssen wir die Singularitäten des Integranden feststellen. Die Nennerfunktion $\sin 1\sqrt{-s}$
verschwindet für $\quad 1\sqrt{-s} - n\pi \quad$, $n = 0, \pm 1, \pm 2, \ldots$, also in den
Punkten

$$s_n = - n^2 \frac{\pi^2}{1^2} \ , \qquad n = 0, 1, 2, \ldots. \ ,$$

und zwar in der Vielfachheit 1. Der Punkt $s_0 = 0$ ist für jeden
x-Wert auch Nullstelle des Zählers in gleicher Vielfachheit, sodaß der Quotient dort regulär ist. Die anderen s_n, n = 1, 2, ... ,
sind Pole 1. Ordnung, es sei denn, daß x gerade einen solchen
Wert hat, daß $\sin x\sqrt{-s} = 0$ ist, ein Fall, den wir nachher betrachten wollen. Der Residuenkalkül besteht nun darin, daß der
Integrationsweg, der ursprünglich in der Regularitätshalbebene,
also z.B. bei $\sigma = 0$, verläuft, schrittweise nach links ausge-
bogen wird, sodaß der Reihe nach die auf der negativ reellen
Achse befindlichen Pole s_1, s_2 .... rechts von ihm zu liegen
kommen. Für jedes Hinwegführen über einen Pol ist das entsprechende Residuum in Ansatz zu bringen, das sich leicht berechnen läßt:
Bekanntlich ist, wenn $f_1(s_n) \neq 0$ ist und $f_2(s)$ in s_n eine einfache Nullstelle besitzt, das Residuum r_n des Quotienten $\dfrac{f_1(s)}{f_2(s)}$

in s_n gleich $\dfrac{f_1(s_n)}{f_2'(s_n)}$, also in unserem Fall

$$r_n = \frac{e^{t s_n} \sin x \sqrt{-s_n}}{\cos l\sqrt{-s_n}\; \dfrac{-l}{2\sqrt{-s_n}}} = -\frac{2n\pi}{l^2}(-1)^n e^{-n^2 \frac{\pi^2}{l^2} t} \sin n\frac{\pi}{l} x$$

In dem oben zurückgestellten Sonderfall $\sin x\ \sqrt{-s_n} = 0$ ist zwar s_n kein Pol, der Ausdruck für r_n ergibt dann aber wegen des Faktors $\sin n\frac{\pi}{l} x = \sin x \sqrt{-s_n}$ den Wert 0, sodaß es nichts schadet, wenn man ihn in Rechnung stellt.

Wir führen nun das Abspalten der Residuen etwas ausführlicher durch. Zunächst bilden wir $\frac{1}{2\pi i}\int$ über das in Figur 4 gezeichnete Rechteck in dem dort angegebenen Umlaufsinn; dieser Wert ist definitionsgemäß gleich r_1. Subtrahieren wir ihn von dem Integral für $U_1(x,t)$, so ist das dasselbe, als wenn man das Integral über das im entgegengesetzten Sinn umlaufene Rechteck addiert (Figur 5).

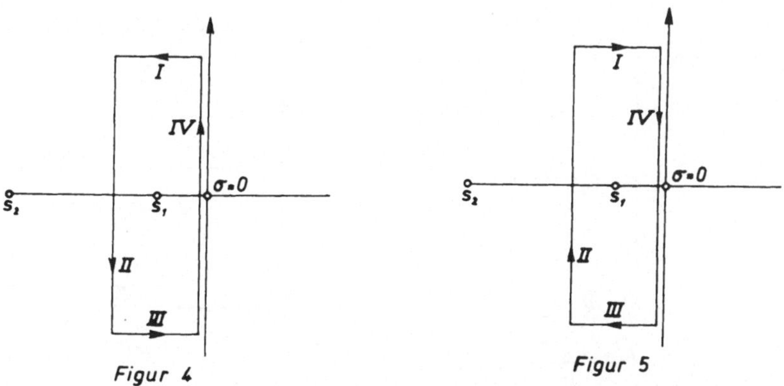

Hierbei hebt sich das Integral über die Seite IV gegen das Integral über das gleiche, aber entgegengerichtete Stück der vertikalen Geraden weg, und es bleibt das Integral über den in Figur 6 gezeichneten Hakenweg h_1 übrig. Also ist

$$U_1(x,t) - r_1 = \frac{1}{2\pi i}\int_{h_1} e^{ts}\frac{\sin x \sqrt{-s}}{\sin l\sqrt{-s}}\, ds$$

oder

$$U_1(x,t) = -\frac{2\pi}{l^2} e^{-\frac{\pi^2}{l^2}t} \sin\frac{\pi}{l}x + \frac{1}{2\pi i}\int_{h_1} e^{ts}\frac{\sin x\sqrt{-s}}{\sin l\sqrt{-s}}ds \quad.$$

Analog erhält man, wenn man den Hakenweg bis über den ν-ten Pol s_ν weggezogen hat (Figur 7):

$$U_1(x,t) - \sum_{n=1}^{\nu} u_n = \frac{1}{2\pi i}\int_{h_\nu} e^{ts}\frac{\sin x\sqrt{-s}}{\sin l\sqrt{-s}}ds$$

oder

$$U_1(x,t) = -\frac{2\pi}{l^2}\sum_{n=1}^{\nu}(-1)^n n e^{-n^2\frac{\pi^2}{l^2}t}\sin n\frac{\pi}{l}x + R_\nu$$

mit

$$R_\nu = \frac{1}{2\pi i}\int_{h_\nu} e^{ts}\frac{\sin x\sqrt{-s}}{\sin l\sqrt{-s}}ds \quad.$$

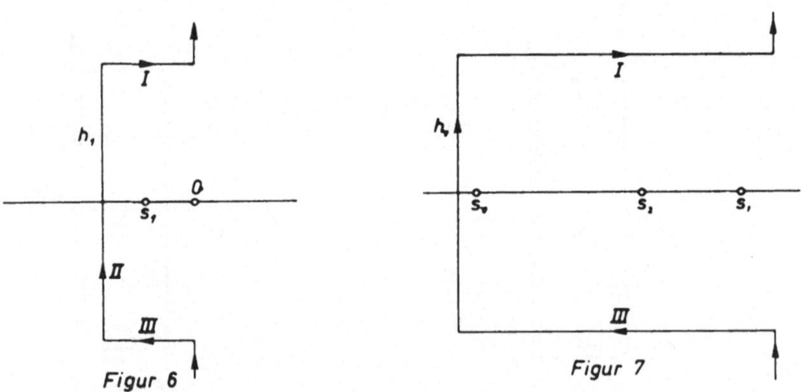

Das sieht wie eine Reihenentwicklung aus, von der man die ν-te Partialsumme und das Restglied R_ν hingeschrieben hat. Damit man wirklich von einer konvergenten Reihe sprechen kann, muß R_ν mit wachsendem ν gegen 0 gehen. Das trifft aber nur in seltenen Fällen zu. Im allgemeinen erhält man lediglich eine sogenannte asymptotische Entwicklung [LT 228] . Auf diese Dinge näher einzugehen, würde den Rahmen dieser kurzen Einführung sprengen[18].

In unserem vorliegenden Fall ergibt sich eine konvergente Entwicklung. Zunächst kann man den Hakenweg h_γ durch eine links von s_γ verlaufende vertikale Gerade ersetzen. Denn der Quotient

$$\frac{\sin x\sqrt{-s}}{\sin 1\sqrt{-s}} = \frac{e^{x\sqrt{s}} - e^{-x\sqrt{s}}}{e^{1\sqrt{s}} - e^{-1\sqrt{s}}} = \frac{e^{-(1-x)\sqrt{s}} - e^{-(1+x)\sqrt{s}}}{1 - e^{-21\sqrt{s}}}$$

strebt auf dem horizontalen Stück I gegen 0, wenn I nach oben verschoben wird (da $\sqrt{s}$ sich hierbei in der rechten Halbebene nach rechts bewegt und $1-x$ und $1+x$ für $0 < x < 1$ positiv sind), während $|e^{ts}| = e^{t\,\mathcal{R}s}$ und die Länge des Integrationsweges beschränkt bleiben. Da für das Integral über III eine ähnliche Überlegung gilt, verschwinden die Integrale über I und III in der Grenze.

Man kann also

$$R_\gamma = \frac{1}{2\pi i}\int\limits_{\sigma_\gamma - i\infty}^{\sigma_\gamma + i\infty} e^{ts}\,\frac{e^{-(1-x)\sqrt{s}} - e^{-(1+x)\sqrt{s}}}{1 - e^{-21\sqrt{s}}}\,ds$$

(vgl. Figur 8) setzen und hat nun zu zeigen, daß dieses Integral für $\sigma_\gamma \longrightarrow -\infty$, d.h. wenn der Integrationsweg unbegrenzt nach links (unter Überspringung der Pole s_γ) parallel verschoben wird, gegen 0 strebt. Dieser Nachweis ist im vorliegenden Fall für eine Darlegung auf eng begrenstem Raum viel zu langwierig (Schwierigkeiten bereitet der Nenner $1 - e^{-21\sqrt{s}}$, von dem man zeigen muß, daß sein absoluter Betrag bei passender Auswahl der σ_γ oberhalb einer von σ_γ unabhängigen positiven Zahl bleibt), was auch in fast allen anderen analogen Fällen zutrifft, weshalb in der

---

[18] Einer exakten Darstellung der aus dem komplexen Umkehrintegral erwachsenden, meist asymptotischen Entwicklungen ist LT 265-275 gewidmet. Um auch solche Singularitäten erfassen zu können, in deren Umgebung die Funktion nicht eindeutig ist, sodaß von einem Hinüberziehen des Integrationsweges und einer eigentlichen Residuenrechnung nicht die Rede sein kann, ist dort die Methode in eine etwas andere Gestalt gebracht.

technischen Literatur derartige Beweise auch so gut wie nie
ernsthaft geführt werden[19].

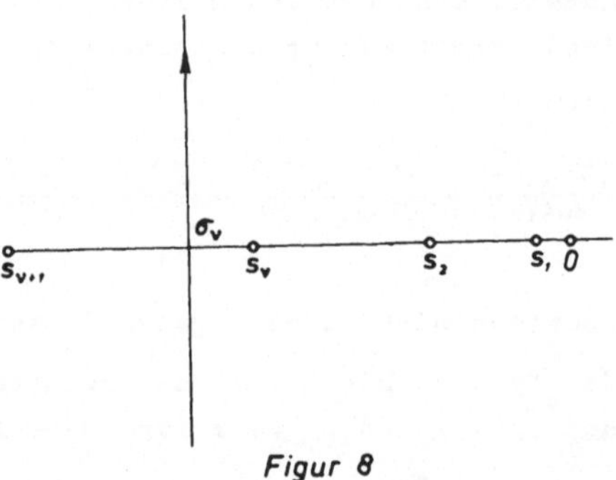

Figur 8

Man kann dem Obigen noch eine andere Wendung geben, indem
man nicht sofort auf eine Reihenentwicklung der Oberfunktion, sondern zunächst der Unterfunktion hinzielt. Bei der Auswertung des
Umkehrintegrals durch Residuenrechnung treten von dem Faktor e^{ts}
her Glieder der Gestalt $e^{s_n t}$ auf, wo die s_n die Pole von $u(x,s)$
sind (im obigen Fall war $s_n = -n^2 \frac{\pi^2}{l^2}$, und wir erhielten die Terme
$e^{-n^2 \frac{\pi^2}{l^2} t}$). Da $e^{s_n t}$ die Unterfunktion $\frac{1}{s-s_n}$ besitzt, so gehört zu einer nach $e^{s_n t}$ fortschreitenden Reihe im Oberbereich for-
mal eine nach $\frac{1}{s-s_n}$ fortschreitende Reihe, d.h. eine Partialbruchreihe, im Unterbereich. Man kann also, statt unmittelbar eine Entwicklung der Oberfunktion anzustreben, zunächst einmal die Unterfunktion in eine Partialbruchreihe zu entwickeln suchen. Da der
Koeffizient a_n in der Reihe $u(x,s) = \sum \frac{a_n(x)}{s-s_n}$ das Residuum von
$u(x,s)$ im Punkt s_n ist, hat man zur Koeffizientenbestimmung fast

---

[19] Scheinbeweise und Berufungen auf allgemeine Sätze, die
in dem betreffenden Fall garnicht ziehen, kommen sehr häufig vor,
helfen aber zur Sache nichts, sondern wiegen nur Autor und Leser
in ein ganz unberechtigtes Sicherheitsgefühl.

genau dieselbe Residuenrechnung wie vorhin durchzuführen, nur statt für $e^{ts}\,u(x,s)$ jetzt für $u(x,s)$. In unserem Fall ergibt sich:

$$a_n = -\frac{2n\pi}{l^2}(-1)^n \sin n\frac{\pi}{l}x\ .\,.$$

Die zunächst einmal formal hingeschriebene Reihe

$$\sum_{n=1}^{\infty}\frac{a_n(x)}{s-s_n} = -\frac{2\pi}{l^2}\sum_{n=1}^{\infty}(-1)^n n\,\frac{\sin n\frac{\pi}{l}x}{s+n^2\frac{\pi^2}{l^2}}$$

konvergiert zwar im vorliegenden Spezialfall für alle x und s mit Ausnahme der s_n, braucht dies aber im allgemeinen keineswegs zu tun; und aus der etwaigen Konvergenz folgt noch nicht, daß die Reihe die Funktion u(x,s) wirklich darstellt. Man kann nur behaupten, daß sie im Endlichen dieselben Singularitäten wie u(x,s) hat; das bedeutet, daß sie sich von u(x,s) um eine ganze Funktion unterscheiden kann. Der Nachweis, daß diese gegebenenfalls identisch verschwindet, läuft auf eine ganz ähnliche Betrachtung wie oben bei dem Umkehrintegral hinaus: Man muß u(x,s) durch ein Cauchysches Integral, dessen Weg $\mathcal{L}$ ein Regularitätsgebiet einschließt, darstellen:

$$u(x,s) = \frac{1}{2\pi i}\int_{\mathcal{L}}\frac{f(x)}{x-s}\,dx$$

und den Weg $\mathcal{L}$ in eine Kurve $\mathcal{L}_\nu$ deformieren, die die ν ersten Pole

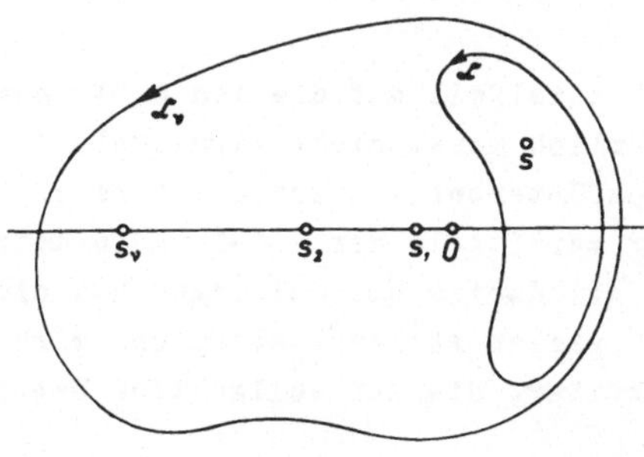

Figur 9

einschließt, wofür die entsprechenden Residuen r_n von $\frac{f(z)}{z-s}$ abzuziehen sind:

$$u(x,s) = \frac{1}{2\pi i} \int_{L_\nu} \frac{f(z)}{z-s}\,dz - \sum_{n=1}^{\nu} x_n$$

Da die Funktion $\frac{1}{z-s}$ in einem kleinen Kreis um s_n regulär ist, ist das Residuum von $\frac{f(z)}{z-s}$ an der Stelle s_n gleich

$$\frac{1}{s_n-s} \cdot \text{Residuum von } f(z) \;=\; \frac{a_n}{s_n-s}$$

und somit:

$$u(x,s) = \sum_{n=1}^{\nu} \frac{a_n}{s-s_n} + \frac{1}{2\pi i} \int_{L_\nu} \frac{f(z)}{z-s}\,dz$$

Man hat also jetzt zu zeigen, daß $\int_{L_\nu} \longrightarrow 0$ für $\nu \longrightarrow \infty$, was meist ebenso schwierig zu beweisen ist, wie vorhin $\int_{a-i\infty}^{a+i\infty} \longrightarrow 0$.

Wenn man die Richtigkeit der Entwicklung $u(x,s) = \sum_{n=1}^{\infty} \frac{a_n(x)}{s-s_n}$ bewiesen oder von anderer Seite her übernommen hat, kann man versuchen, ob die Reihe sich gliedweise in den Oberbereich übersetzen läßt, was zu

$$U(x,t) = \sum_{n=1}^{\infty} a_n(x)\, e^{s_n t}$$

führt, im obigen Spezialfall auf die von S. 47 her bekannte Reihe. Dies wird man natürlich meist nicht vermittels der Umkehrformel in der Richtung vom Unterbereich zum Oberbereich, sondern in umgekehrter Richtung vermittels der $\mathfrak{L}$-Transformation bewerkstelligen. Für solche gliedweise Übersetzungen hat sich folgender allgemeine Satz in vielen Fällen bewährt und wird daher auch der Beachtung der Praktiker, die auf vollgültige Beweise Wert legen, empfohlen:

Satz von Bromwich: Die Funktionen $F_n(t)$, $n = 1, 2, \ldots$, seien in jedem endlichen Intervall $0 < T_1 \leqq t \leqq T_2$ eigentlich integrabel und bis in den Nullpunkt hinein absolut uneigentlich integrabel, d.h.

$$\int\limits_0^T |\dot{F}_n(t)|\,dt = \lim_{\varepsilon \to 0} \int\limits_\varepsilon^T |F_n(t)|\,dt$$

existiert[20]. $\sum\limits_{n=1}^\infty F_n(t)$ sei in jedem endlichen Intervall $0 < T_1 \le t \le T_2$ gleichmäßig konvergent. Dann ist

$$\int\limits_0^\infty e^{-st} \sum_{n=1}^\infty F_n(t)\,dt = \sum_{n=1}^\infty \int\limits_0^\infty e^{-st} F_n(t)\,dt$$

vorausgesetzt, daß entweder das Integral

$$\int\limits_0^\infty |e^{-st}| \sum_{n=1}^\infty |F_n(t)|\,dt$$

oder die Reihe

$$\sum_{n=1}^\infty \int\limits_0^\infty |e^{-st} F_n(t)|\,dt$$

konvergiert.

$$* \qquad * \qquad *$$

Angesichts der vielen Schwierigkeiten, die mit der Verwendung und Auswertung des komplexen Integrals verbunden sind, kann man demjenigen Praktiker, der zu sorgfältigen Diskussionen keine Zeit hat, nur folgenden Rat geben: Wenn er zu der errechneten Unterfunktion die Oberfunktion nicht in den Tabellen findet und das komplexe Umkehrintegral auch keine direkte Diskussion der Lösung gestattet, so suche er die Pole s_n der Unterfunktion, bestimme ihre Residuen a_n, schreibe formal die Partialbruchentwicklung $u = \sum\limits_{n=1}^\infty \dfrac{a_n}{s-s_n}$ an[21]

---

[20] Diese Formulierung ist gewählt, um auch Funktionen wie $t^{-\frac{1}{2}}$, für die nicht das von 0 an erstreckte Integral im eigentlichen Sinne, wohl aber das uneigentliche Integral im Sinne eines limes existiert, zulassen zu können.

[21] Hier ist stillschweigend vorausgesetzt, daß die Pole einfach sind. Für den Fall der Pole höherer Ordnung siehe LT 142 .

§ 7. Funktionentheoretische Methode

und übersetze sie gliedweise in den Oberbereich: $\mathcal{U} = \sum\limits_{n=1}^{\infty} a_n e^{snt}$.

<u>Dann aber verifiziere er, ob die so gefundene Reihe der Differen-
tialgleichung und den Randbedingungen genügt</u>. (Vgl. hierzu auch
das S.10 und S.5¥ Gesagte.)

2. <u>Der Heaviside-Kalkül</u>

Die Übersetzung einer Differentialgleichung vermittels
$\mathcal{L}$-Transformation in den Unterbereich läßt sich in dem Spezialfall, daß die vorgegebenen <u>Anfangswerte sämtlich verschwinden</u>, in
ein ganz einfaches Rezept einkleiden: Man ersetzt den großen
Funktionsbuchstaben durch einen kleinen und jede Differentiation
durch eine Multiplikation mit dem Buchstaben s; so geht

$$\frac{dY}{dt} \text{ über in } sy , \quad \frac{d^2Y}{dt^2} \text{ in } s^2 y , \text{ usw. ,}$$

und die Differentiationen nach t fallen sämtlich heraus.

Will man umgekehrt von dem aus der so entstehenden Gleichung
ausgerechneten y zu der Oberfunktion Y zurückkehren, so kann man
in gewissen einfachen Fällen wiederum derartige Rezepte angeben,
z.B.

$$\text{zu } \frac{1}{s} f \text{ gehört} \qquad 1 * F = \int_0^t F(\tau) d\tau ,$$

$$\text{zu } \frac{1}{s^n} \text{ gehört} \qquad \frac{t^{n-1}}{(n-1)!} ,$$

zu einer Reihenentwicklung $\sum\limits_{n=1}^{\infty} \frac{c_n}{s^n}$ daher manchmal $\sum\limits_{n=1}^{\infty} \frac{c_n}{(n-1)!} t^{n-1}$.

Es gibt nun einen schon sehr alten, in technischen Kreisen
aber erst durch O. Heaviside (1850-1925) populär gewordenen Kalkül zur Lösung von Differentialgleichungen, der nur aus derarti-
gen Rezepten besteht, die ohne Begründung den Leser anweisen, wel-
che Handgriffe er auszuführen hat $\begin{bmatrix} LT \ 334 \text{ und } 386 \end{bmatrix}$. Entstanden
ist dieser Kalkül so, daß man den Differentialquotienten statt
in der an seine Herkunft von einem Differenzenquotienten erinnern-
den Schreibweise $\frac{dY}{dt}$ in der Gestalt DY schrieb (so zu lesen: auf

Y ist der Prozeß der Differentiation oder "der Operator D" anzu-
wenden) und nun merkte, daß das Symbol D sich in vielen Fällen
wie eine multiplikative numerische Größe oder Variable verhielt;
so ist z.B.

$$D^m(D^n Y) = D^{m+n} Y \ .$$

Dann machte man damit wirklich ernst und versuchte, ob man bei
konsequentem Durchhalten dieser Deutung zu einer brauchbaren Be-
handlung von Differentialgleichungen käme, wobei man in einfachen
Fällen unstreitige Erfolge erzielte, die dazu ermutigten, dieses
Verfahren als allgemeine Methode aufzustellen und zu verwenden.
Geht man z.B., um ein recht einfaches Beispiel zu wählen, von der
Differentialgleichung

$$Y' + aY = b$$

aus, so schreibt man sie zunächst in der Gestalt

$$DY + aY = b \ .$$

Statt D verwendet der Heaviside-Kalkül meist den Buchstaben p:

$$pY + aY = b \ .$$

Betrachtet man nun p statt als Symbol als Größe von derselben Art
wie a und Y und pY demgemäß als Produkt, so bekommt man sofort die
Lösung

$$Y = \frac{b}{p+a} \ ,$$

mit der man zwar zunächst nichts anfangen kann, da man nicht weiß,
was $\frac{1}{p+a}$ bedeutet. Geht man aber auf dem einmal beschrittenen Weg
kühn weiter und entwickelt in eine Reihe:

$$Y = \frac{1}{p} \ \frac{b}{1 + \frac{a}{p}} = \frac{1}{p} b - \frac{1}{p^2} ab + \frac{1}{p^3} a^2 b - + \dots \ ,$$

so kommt man zu Ausdrücken, die man deuten kann: Wenn p eine Differentiation darstellt, so wird das Reziproke $\frac{1}{p}$ wohl eine Integration, etwa von 0 an, sein, $\frac{1}{p^2}$ eine wiederholt Integration usw.

Wegen

$$\frac{1}{p}\,b - \int_0^t b\,d\tau = bt \;,\quad \frac{1}{p^2}\,b - \int_0^t b\tau\,d\tau = b\frac{t^2}{2}\;,\quad \frac{1}{p^3}\,b - \int_0^t b\frac{\tau^2}{2}\,d\tau = b\frac{t^3}{3!}\;,\;\dots\;,\;\frac{1}{p^n}\,b = b\frac{t^n}{n!}$$

führt das zu

$$Y = bt - ba\,\frac{t^2}{2!} + ba^2\,\frac{t^3}{3!} - + \qquad\qquad = \frac{b}{a}\left(1 - e^{-at}\right).$$

Dies ist nun tatsächlich eine Lösung unserer Differentialgleichung, und zwar diejenige, die für t = 0 verschwindet (was daher rührt, daß $\frac{1}{p}$ als Integration gerade von 0 an gedeutet wurde). Den Kenner der $\mathcal{L}$-Transformation wundert das nicht, denn der Benutzer des Heaviside-Kalküls tut ja, ohne es zu wissen, gleichsam mit einer Binde vor den Augen, gerade das, was die $\mathcal{L}$-Transformation bei der Hintransformation (im Spezialfall verschwindender Anfangswerte) und bei der Rücktransformation macht. Da er den Sinn seines Handelns nicht kennt, sitzt er aber sofort fest, sobald seine einfachen Handgriffe nicht ausreichen und es sich um die Deutung komplizierterer Ausdrücke sowie um unendliche Reihen und dgl. handelt. Schon die Tatsache, daß jener Kalkül auch nach Ersatz der Differentiation durch p den Buchstaben Y stehen läßt, verwehrt ihm den Einblick in das wahre Wesen seiner Operationen. Es entsteht so der Eindruck, als ob die Funktion, die es mit dem p als multiplikativer Variablen zu tun hat, dieselbe geblieben wäre wie diejenige, auf die die Differentiation ausgeübt wird, während es sich in Wahrheit um ihre Transformierte handelt.

Alles, was an der außerordentlich umfangreichen Literatur über den Heaviside-Kalkül richtig ist (sie wimmelt von unbewiesenen und falschen Resultaten), muß sich in der Sprache der $\mathcal{L}$-Transformation ausdrücken lassen. Letztere liefert ein untrügliches Mittel, um in den zahlreichen vermittels des Heaviside-Kalküls hergeleiteten Ergebnisse die Spreu vom Weizen zu sondern. Bei der Lektüre dieser Arbeiten ist noch zu beachten: Da der Heaviside-Kalkül eine Konstante, z.B. 1, stehen läßt, während bei der $\mathcal{L}$-Transformation aus ihr die Funktion $\frac{1}{s}$ wird, unterscheiden sich die Formeln in den beiden Sprachen durchgängig um den Faktor s bzw. p (siehe z.B. oben, wo dem $\frac{t^n}{n!}$ nicht wie bei der $\mathcal{L}$-Transformation $\dfrac{1}{p^{n+1}}$, sondern $\dfrac{1}{p^n}$ entspricht, weil die

Größe b einfach als solche stehen blieb, während durch die $\mathcal{L}$-Transformation aus ihr $\dfrac{b}{p}$ geworden wäre). Um formal eine vollkommene Übereinstimmung zu erzielen, schreiben daher manche Autoren die $\mathcal{L}$-Transformation in der Gestalt

$$f(p) = p \int_0^\infty e^{-pt} F(t)\, dt$$

wodurch aber die Regeln für das Rechnen mit der $\mathcal{L}$-Transformation größtenteils viel umständlicher werden. Außerdem besteht heute keine Veranlassung mehr, dem veralteten Heaviside-Kalkül zuliebe der $\mathcal{L}$-Transformation eine ihr wesensfremde Gestalt aufzuzwingen. Das wäre dasselbe, als wenn man sich irgend einer außer Gebrauch gekommenen speziellen Anwendung zuliebe darauf kaprizieren wollte, nur Potenzreihen zu benutzen, die im Nullpunkt verschwinden: $z \sum\limits_{n=0}^\infty a_n z^n$.

II. TEIL

Tabellen

zur

Laplace-Transformation

A. Vorbemerkungen

Bezeichnungen

Komplexe Zahlen werden mit kleinen griechischen, reelle
Zahlen mit kleinen lateinischen Buchstaben bezeichnet; m und n
bedeuten ganze Zahlen $\geq$ 0. Der Summationsbuchstabe heißt immer k.
Die Variable der Unterfunktion wird mit s bezeichnet, diejenige
der Oberfunktion mit t. K.A. bedeutet die Konvergenzabszisse.
Bezeichnung und Definition der Funktionen schließt sich nach
Möglichkeit dem üblichen Brauch an. Am Schluß des vorliegenden
II. Teiles (S.164) befindet sich ein Funktions-Register, das die
Funktions-Symbole in alphabetischer Reihenfolge und jeweils die
Definitionen und Namen der Funktionen enthält.

Anordnung

Die Korrespondenzen sind nach den Unterfunktionen geordnet,
in jedem Abschnitt ist eine Funktionenfamilie vereinigt. Für diese
Einteilung waren u.a. auch äußerliche Gesichtspunkte, wie die Zahl
der vorhandenen Korrespondenzen maßgebend. (Vergl. z.B. den selb-
ständigen Abschnitt "Integralfunktionen" neben den "konfluenten
hypergeometrischen Funktionen"). Abschnitt 14 (Reihen) enthält die
hypergeometrischen Reihen und solche unendlichen Reihen, für die
kein abkürzendes Symbol zur Verfügung stand.

Benutzung der Tabellen in umgekehrter Richtung

Sucht man zu einer Oberfunktion die zugehörige Unterfunktion,
so findet man im Funktionsregister einen Verweis auf den Abschnitt
und die Nummer, wo die betreffende Funktion als Oberfunktion steht,
z.B. 7.3: 7. Abschnitt, Formel Nr. 3. Außerdem findet man im Funktionsregister auch die einfacheren Modifikationen der Funktionen

z.B. $P(\sqrt{t})$, $P^2(t)$, soweit sie als Oberfunktionen auftreten. Komplizierte Abarten oder Verknüpfungen mit anderen Funktionen werden unter "ferner" bzw. "vergl." aufgeführt.

Sonstige Bemerkungen

Sind Funktionen an einzelnen Stellen nicht definiert, so ist, falls nichts anderes ausdrücklich festgesetzt ist, dort der Grenzwert zu nehmen. Bei den Oberfunktionen ist der Funktionswert an den Unstetigkeitsstellen beliebig.

Es kann vorkommen, daß die angegebene Unterfunktion nicht in der ganzen Konvergenzhalbebene des Laplace-Integrals definiert ist (z.B. bei den Kugelfunktionen und den hypergeometrischen Reihen). Dann ist der angegebene Ausdruck als Funktionselement anzusehen, das die gesamte analytische Funktion definiert.

B. __Operationen__

Nr.	$f(s)$	$F(t)$
1	$\Delta_\gamma f(s) = f(s+\gamma) - f(s)$	$\left(e^{-\gamma t} - 1\right) F(t)$
2	$\Delta_\gamma^n f(s)$	$\left(e^{-\gamma t} - 1\right)^n F(t)$
3	$\dfrac{d^n}{ds^n} f(s)$	$(-t)^n F(t)$
4	$\displaystyle\int^{\infty} f(\sigma)\, d\sigma$	$\dfrac{F(t)}{t}$
5	$f_1(s)\, f_2(s)$	$F_1(t) * F_2(t)$
6	$e^{-as} f_1(s)\, f_2(s)$	$\left[F_1(t) * F_2(t)\right]_{t-a}$
7	$f(as) \qquad a>0$	$\dfrac{1}{a} F\!\left(\dfrac{t}{a}\right)$
8	$f(s-\beta)$	$e^{\beta t} F(t)$
9	$f(as+\beta) \qquad a>0$	$\dfrac{1}{a} e^{-\frac{\beta}{a}} F\!\left(\dfrac{t}{a}\right)$
10	$\dfrac{1}{\sqrt{s}} f\!\left(\dfrac{1}{s}\right)$	$\displaystyle\int_0^{\infty} \dfrac{\cos(2\sqrt{t\tau})}{\sqrt{\pi t}} F(\tau)\, d\tau$
11	$\dfrac{1}{\sqrt{s}} f\!\left(-\dfrac{1}{s}\right)$	$\displaystyle\int_0^{\infty} \dfrac{\operatorname{\mathfrak{Cof}}(2\sqrt{t\tau})}{\sqrt{\pi t}} F(\tau)\, d\tau$
12	$\dfrac{1}{s} f\!\left(\dfrac{1}{s}\right)$	$\displaystyle\int_0^{\infty} J_0(2\sqrt{t\tau}) \cdot F(\tau)\, d(\tau)$

13	$\dfrac{1}{s\sqrt{s}}\, f\!\left(\tfrac{1}{s}\right)$	$\displaystyle\int_0^\infty \dfrac{\sin\left(2\sqrt{t\tau}\right)}{\sqrt{\pi\,\tau}}\, F(\tau)\, d\tau$
14	$\dfrac{1}{s\sqrt{s}}\, f\!\left(-\tfrac{1}{s}\right)$	$\displaystyle\int_0^\infty \dfrac{\mathfrak{Sin}\left(2\sqrt{t\tau}\right)}{\sqrt{\pi\,\tau}}\, F(\tau)\, d\tau$
15	$\dfrac{1}{s^{\nu+1}}\, f\!\left(\tfrac{1}{s}\right)$	$t^{\nu}\displaystyle\int_0^\infty \dfrac{J_\nu\left(2\sqrt{t\tau}\right)}{\tau^{\frac{\nu}{2}}}\, F(\tau)\, d\tau$ $\mathfrak{R}\,\nu > -1$
16	$\dfrac{1}{s}\, f\!\left(\tfrac{1}{s^2}\right)$	$\displaystyle\int_0^\infty \left[1 - 2\sqrt{\pi}\, J_{1,\frac{1}{3}}\!\left(3\sqrt[3]{\tfrac{t^2\tau}{4}}\right)\right] F(\tau)\, d\tau$
17	$\dfrac{1}{s}\, f\!\left(\tfrac{1}{s^n}\right)$	$\displaystyle\int_0^\infty \mathfrak{F}_n\!\left(\tfrac{1}{n},\tfrac{2}{n},\ \ldots\ ,\tfrac{n-1}{n},1;\ \tfrac{-\tau t^n}{n^n}\right) F(\tau)\, d\tau$
18	$\dfrac{1}{s}\, f\!\left(s+\tfrac{1}{s}\right)$	$\displaystyle\int_0^t J_0\!\left(2\sqrt{(t-\tau)\tau}\right) F(\tau)\, d\tau$
19	$f(\sqrt{s})$	$\displaystyle\int_0^\infty \psi(\tau,t)\, F(\tau)\, d\tau$
20	$\dfrac{1}{\sqrt{s}}\, f(\sqrt{s})$	$\displaystyle\int_0^\infty \chi(\tau,t)\, F(\tau)\, d\tau$
21	$s^{\frac{n}{2}}\, f(\sqrt{s})$	$\dfrac{1}{2^{\frac{n}{2}}\sqrt{\pi}\, t^{\frac{n}{2}+1}}\displaystyle\int_0^\infty e^{-\frac{\tau^2}{4t}}\, He_{n+1}\!\left(\tfrac{\tau}{\sqrt{2t}}\right) F(\tau)\, d\tau$
22	$s^{\nu}\, f(\sqrt{s})$	$\dfrac{\sqrt{2}}{\sqrt{\pi}\,(2t)^{\nu+1}}\displaystyle\int_0^\infty e^{-\frac{\tau^2}{4t}}\, D_{2\nu+1}\!\left(\tfrac{\tau}{\sqrt{2t}}\right)\cdot F(\tau)\, d\tau$

23	$f(s+\sqrt{s})$	$\displaystyle\int_0^t \psi(\tau,t-\tau)\,F(\tau)\,d\tau$
24	$\dfrac{1}{\sqrt{s}}\,f(s+\sqrt{s})$	$\displaystyle\int_0^t \chi(\tau,t-\tau)\,F(\tau)\,d\tau$
25	$f(\sqrt{s+1})$	$\displaystyle\int_0^\infty \psi(\tau,t)\,F(\tau)\,d\tau - \int_0^\infty\!\!\int_0^u \psi(u,t)\,\mathcal{J}_1(\tau)\,F(\sqrt{u^2-\tau^2})\,du\,d\tau$
26	$f(\sqrt{s-1})$	$\displaystyle\int_0^\infty \psi(\tau,t)\,F(\tau)\,d\tau + \int_0^\infty\!\!\int_0^u \psi(u,t)\,I_1(\tau)\,F(\sqrt{u^2-\tau^2})\,du\,d\tau$
27	$(\sqrt{s})^{n-1} f(\sqrt{s+1})$	$\displaystyle (2t)^{-\frac{n}{2}}\int_0^\infty \chi(\tau,t)\,He_n\!\left(\frac{\tau}{\sqrt{2t}}\right)\left[F(\tau) - \int_0^\tau F(\sqrt{\tau^2-u^2})\,\mathcal{J}_1(u)\,du\right]d\tau$
28	$(\sqrt{s})^{n-1} f(\sqrt{s-1})$	$\displaystyle (2t)^{-\frac{n}{2}}\int_0^\infty \chi(\tau,t)\,He_n\!\left(\frac{\tau}{\sqrt{2t}}\right)\left[F(\tau) + \int_0^\tau F(\sqrt{\tau^2-u^2})\,I_1(u)\,du\right]d\tau$
29	$f(\sqrt{s^2+1})$	$\displaystyle F(t) - \int_0^t F(\sqrt{t^2-\tau^2})\,\mathcal{J}_1(\tau)\,d\tau$
30	$f(\sqrt{s^2-1})$	$\displaystyle F(t) + \int_0^t F(\sqrt{t^2-\tau^2})\,I_1(\tau)\,d\tau$
31	$\dfrac{f(\sqrt{s^2+1})}{\sqrt{s^2+1}}$	$\displaystyle\int_0^t \mathcal{J}_0(\sqrt{t^2-\tau^2})\,F(\tau)\,d\tau$
32	$\dfrac{f(\sqrt{s^2-1})}{\sqrt{s^2-1}}$	$\displaystyle\int_0^t I_0(\sqrt{t^2-\tau^2})\,F(\tau)\,d\tau$

Operationen

33	$\dfrac{s}{\sqrt{s^2+1}}\, f(\sqrt{s^2+1})$	$F(t) - t \displaystyle\int_0^t \dfrac{J_1(\sqrt{t^2-\tau^2})}{\sqrt{t^2-\tau^2}}\, F(\tau)d\tau$
34	$\dfrac{s}{\sqrt{s^2-1}}\, f(\sqrt{s^2-1})$	$F(t) + t \displaystyle\int_0^t \dfrac{I_1(\sqrt{t^2-\tau^2})}{\sqrt{t^2-\tau^2}}\, F(\tau)d\tau$
35	$f(\log s)$	$\displaystyle\int_0^\infty \dfrac{t^{\tau-1}}{\Gamma(\tau)}\, F(\tau)d\tau$
36	$f(\log s^\alpha)$	$\displaystyle\int_0^\infty \dfrac{t^{\alpha\tau-1}}{\Gamma(\alpha\tau)}\, F(\tau)d\tau$
37	$\dfrac{1}{s}\, f(\log s)$	$\displaystyle\int_0^\infty \dfrac{t^\tau}{\Gamma(\tau+1)}\, F(\tau)d\tau$
38	$f[\varphi(s)]$	$\displaystyle\int_0^\infty \Psi(\tau,t)\, F(\tau)d\tau$ mit $\Psi(\tau,t) \circ\!\!-\!\!\bullet\ e^{-\tau\varphi(s)}$
39	$s\cdot f(s) - F(0)$	$\dfrac{d}{dt}\, F(t)$
40	$s^n f(s) - \displaystyle\sum_{k=0}^{n-1} s^{n-k-1}\, F^{(k)}(0)$	$\dfrac{d^n}{dt^n}\, F(t)$
41	$\dfrac{1}{s}\, f(s)$	$\displaystyle\int_0^t F(\tau)d\tau = F(t) * 1$

42	$\dfrac{1}{s}\displaystyle\int_0^{s} f(\sigma)\,d\sigma$	$\displaystyle\int_t^\infty \dfrac{F(\tau)}{\tau}\,d\tau$
43	$\dfrac{1}{2\pi i}\displaystyle\oint f_1(s-\sigma)\,f_2(\sigma)\,d\sigma$	$F_1(t)\cdot F_2(t)$
44	$f(s)=\dfrac{f_a(s)}{1-e^{-as}}=\dfrac{e^{\frac{a}{2}s}}{2\operatorname{Sin}\frac{a}{2}s}\,f_a(s)$ mit $f_a(s)=\displaystyle\int_0^a e^{-st}F(t)\,dt$	$F(t)=F(t-na)$ für $na<t<(n+1)a,\ a>0$ $F(t)$ periodisch mit der Periode a
45	$\dfrac{1}{2i}\big[f(s-i\alpha)-f(s+i\alpha)\big]$	$\sin\alpha t\cdot F(t)$
46	$\dfrac{1}{2}\big[f(s-i\alpha)+f(s+i\alpha)\big]$	$\cos\alpha t\cdot F(t)$
47	$\dfrac{1}{2}\big[f(s-\alpha)-f(s+\alpha)\big]$	$\operatorname{Sin}\alpha t\cdot F(t)$
48	$\dfrac{1}{2}\big[f(s-\alpha)+f(s+\alpha)\big]$	$\operatorname{Cos}\alpha t\cdot F(t)$
49	$e^{-as}\,f(s)$	$\begin{cases}F(t-a)&\text{für }t>a\\[2pt]0&\text{für }t<a\end{cases}$
50	$\dfrac{1}{a}e^{-\frac{b}{a}s}f\!\left(\dfrac{s}{a}\right)$ $a>0,\ b>0$	$\begin{cases}F(at-b)&\text{für }t>\frac{b}{a}\\[2pt]0&\text{für }t<\frac{b}{a}\end{cases}$
51	$e^{as}\left[f(s)-\displaystyle\int_0^a e^{-su}F(u)\,du\right]\quad a\geq0$	$F(t+a)$
52	$\dfrac{1}{2}\displaystyle\int_0^\infty \chi(s\,\sigma)\,f(\sigma)\,d\sigma$	$F(t^2)$

53	$\dfrac{1}{2}\displaystyle\int_0^\infty \psi(s,\sigma)\,f(\sigma)\,d\sigma$	$t\cdot F(t^2)$
54	$\displaystyle\int_0^\infty \sqrt{\dfrac{\sigma}{s}}\;J_1(2\sqrt{s\sigma})\,f(\sigma)\,d\sigma$	$F\!\left(\dfrac{1}{t}\right)$
55	$\displaystyle\int_0^\infty J_0(2\sqrt{s\sigma})\,f(\sigma)\,d\sigma$	$\dfrac{1}{t}F\!\left(\dfrac{1}{t}\right)\cdot$
56	$\displaystyle\int_{g(0)}^{g(\infty)} \Phi(s,\sigma)\cdot f(\sigma)\,d\sigma$ mit $\Phi(\alpha,t)\;\circ\!\!-\!\!\bullet\;h(s)\,e^{-\alpha h(s)}$ h – Umkehrfunktion von g	$F[g(t)]$

C. <u>Korrespondenzen</u>

1. Rationale Funktionen

Nr.	f(s)	F(t)	K.A.
1	0	0	$-\infty$
2	$\frac{1}{s}$	1	0
3	$\frac{1}{s-\alpha}$	$e^{\alpha t}$	$\Re\alpha$
4	$\frac{1}{s-\log|\alpha|}\qquad \Re\alpha>0$	α^t	$\log\alpha$
5	$\sum_{k=0}^{n}\binom{n}{k}\frac{\alpha^{n-k}}{s+k}$	$(\alpha+e^{-t})^n$	0
6	$\frac{1}{(s-\alpha)(s-\beta)}$	$\frac{e^{\beta t}-e^{\alpha t}}{\beta-\alpha}$	$\operatorname{Max}\Re\alpha,\Re\beta$
7	$\frac{1}{s^2}$	t	0
8	$\frac{\alpha}{s^2-\alpha^2}$	$\operatorname{Sin}\alpha t$	$|\Re\alpha|$
9	$\frac{\alpha}{s^2+\alpha^2}$	$\sin\alpha t$	$|\Im\alpha|$
10	$\frac{s}{s^2-\alpha^2}$	$\operatorname{Cos}\alpha t$	$|\Re\alpha|$
11	$\frac{s}{s^2+\alpha^2}$	$\cos\alpha t$	$|\Im\alpha|$
12	$\frac{1}{s(s-\alpha)}$	$\alpha^t - 1$	$\operatorname{Max}0\,\Re\alpha$

1.

Rationale Funktionen

13	$\dfrac{s}{(s-\alpha)(s-\beta)}$	$\dfrac{\beta e^{\beta t} - \alpha e^{\alpha t}}{\beta - \alpha}$	$\text{Max } \mathfrak{R}\alpha,\ \mathfrak{R}\beta$
14	$\dfrac{1}{s^3+\alpha^3}$	$\dfrac{1}{\alpha^2}\,s_2(\alpha t)$	$\tfrac{1}{2}\mathfrak{R}\alpha + \tfrac{\sqrt{3}}{2}\,|\mathfrak{I}\alpha|$
15	$\dfrac{s}{s^3+\alpha^3}$	$-\dfrac{1}{\alpha}\,s_3(\alpha t)$	$\tfrac{1}{2}\mathfrak{R}\alpha + \tfrac{\sqrt{3}}{2}\,|\mathfrak{I}\alpha|$
16	$\dfrac{s^2}{s^3+\alpha^3}$	$s_1(\alpha t)$	$\tfrac{1}{2}\mathfrak{R}\alpha + \tfrac{\sqrt{3}}{2}\,|\mathfrak{I}\alpha|$
17	$\dfrac{1}{(s-\alpha)(s-\beta)(s-\gamma)}$	$-\dfrac{(\beta-\gamma)e^{\alpha t}+(\gamma-\alpha)e^{\beta t}+(\alpha-\beta)e^{\gamma t}}{(\alpha-\beta)(\beta-\gamma)(\gamma-\alpha)}$	$\text{Max } \mathfrak{R}\alpha,\ \mathfrak{R}\beta,\ \mathfrak{R}\gamma$
18	$\dfrac{1}{(s-\alpha)(s-\beta)^2}$	$\dfrac{e^{\alpha t}-[1+(\alpha-\beta)t]e^{\beta t}}{(\alpha-\beta)^2}$	$\text{Max } \mathfrak{R}\alpha,\ \mathfrak{R}\beta$
19	$\dfrac{(s-\alpha)(s-\beta)}{s(s+\alpha)(s+\beta)}$	$1+2\,\dfrac{\alpha+\beta}{\alpha-\beta}\left(e^{-\alpha t}-e^{-\beta t}\right)$	$\text{Max } 0,\ -\mathfrak{R}\alpha,\ -\mathfrak{R}\beta$
20	$\dfrac{(s-\alpha)^2}{s(s+\alpha)^2}$	$1-4\alpha t\,e^{-\alpha t}$	$\text{Max } 0,\ -\mathfrak{R}\alpha$
21	$\dfrac{(s-\alpha)^2}{s(s^2+\alpha^2)}$	$1-2\sin\alpha t$	$|\mathfrak{I}\alpha|$
22	$\dfrac{1}{s(s^2+\alpha^2)}$	$\dfrac{1}{\alpha^2}(1-\cos\alpha t)$	$|\mathfrak{I}\alpha|$
23	$\dfrac{1}{s(s^2-\alpha^2)}$	$\dfrac{1}{\alpha^2}(\mathfrak{Cof}\,\alpha t - 1)$	$|\mathfrak{R}\alpha|$
24	$\dfrac{s^2+2\alpha^2}{s(s^2+4\alpha^2)}$	$\cos^2\alpha t$	$2\,|\mathfrak{I}\alpha|$
25	$\dfrac{s^2-2\alpha^2}{s(s^2-4\alpha^2)}$	$\mathfrak{Cof}^2\alpha t$	$2\,|\mathfrak{R}\alpha|$

1.   Rationale Funktionen

26	$\dfrac{1}{s^4+\alpha^4}$	$\dfrac{2}{\alpha^3}\,\mathrm{ber}\,\alpha t * \mathrm{bei}\,\alpha t$ $=\dfrac{1}{\sqrt2\,\alpha^3}\left(\mathfrak{Cos}\dfrac{\alpha}{\sqrt2}t\,\sin\dfrac{\alpha}{\sqrt2}t-\mathfrak{Sin}\dfrac{\alpha}{\sqrt2}t\,\cos\dfrac{\alpha}{\sqrt2}t\right)$	$\dfrac{1}{\sqrt2}\left(|\Re\alpha|+|\Im\alpha|\right)$
27	$\dfrac{s}{s^4+\alpha^4}$	$\dfrac{1}{\alpha^2}\sin\dfrac{\alpha}{\sqrt2}t\,\mathfrak{Sin}\dfrac{\alpha}{\sqrt2}t$	$\dfrac{1}{\sqrt2}\left(|\Re\alpha|+|\Im\alpha|\right)$
28	$\dfrac{s^2}{s^4+\alpha^4}$	$\dfrac{1}{\alpha\sqrt2}\left(\cos\dfrac{\alpha}{\sqrt2}t\,\mathfrak{Sin}\dfrac{\alpha}{\sqrt2}t+\sin\dfrac{\alpha}{\sqrt2}t\,\mathfrak{Cos}\dfrac{\alpha}{\sqrt2}t\right)$	$\dfrac{1}{\sqrt2}\left(|\Re\alpha|+|\Im\alpha|\right)$
29	$\dfrac{s^3}{s^4+\alpha^4}$	$\cos\dfrac{\alpha}{\sqrt2}t\,\mathfrak{Cos}\dfrac{\alpha}{\sqrt2}t$	$\dfrac{1}{\sqrt2}\left(|\Re\alpha|+|\Im\alpha|\right)$
30	$\dfrac{1}{s^4-\alpha^4}$	$\dfrac{1}{2\alpha^3}\left(\mathfrak{Sin}\,\alpha t-\sin\alpha t\right)$	$\operatorname{Max}|\Re\alpha|,|\Im\alpha|$
31	$\dfrac{s}{s^4-\alpha^4}$	$\dfrac{1}{2\alpha^2}\left(\mathfrak{Cos}\,\alpha t-\cos\alpha t\right)$	$\operatorname{Max}|\Re\alpha|,|\Im\alpha|$
32	$\dfrac{s^2}{s^4-\alpha^4}$	$\dfrac{1}{2\alpha}\left(\mathfrak{Sin}\,\alpha t+\sin\alpha t\right)$	$\operatorname{Max}|\Re\alpha|,|\Im\alpha|$
33	$\dfrac{s^3}{s^4-\alpha^4}$	$\dfrac{1}{2}\left(\mathfrak{Cos}\,\alpha t+\cos\alpha t\right)$	$\operatorname{Max}|\Re\alpha|,|\Im\alpha|$
34	$\dfrac{1}{(s^2-\alpha^2)(s^2-\beta^2)}$	$\dfrac{\beta\,\mathfrak{Sin}\,\alpha t-\alpha\,\mathfrak{Sin}\,\beta t}{\alpha\beta(\alpha^2-\beta^2)}$	$\operatorname{Max}|\Re\alpha|,|\Re\beta|$
35	$\dfrac{1}{(s^2+\alpha^2)(s^2+\beta^2)}$	$\dfrac{\alpha\sin\beta t-\beta\sin\alpha t}{\alpha\beta(\alpha^2-\beta^2)}$	$\operatorname{Max}|\Im\alpha|,|\Im\beta|$
36	$\dfrac{s}{(s^2-\alpha^2)(s^2-\beta^2)}$	$\dfrac{\mathfrak{Cos}\,\beta t-\mathfrak{Cos}\,\alpha t}{\beta^2-\alpha^2}$	$\operatorname{Max}|\Re\alpha|,|\Re\beta|$
37	$\dfrac{s}{(s^2+\alpha^2)(s^2+\beta^2)}$	$\dfrac{\cos\beta t-\cos\alpha t}{\alpha^2-\beta^2}$	$\operatorname{Max}|\Im\alpha|,|\Im\beta|$
38	$\dfrac{s^2}{(s^2-\alpha^2)(s^2-\beta^2)}$	$\dfrac{\alpha\,\mathfrak{Sin}\,\alpha t-\beta\,\mathfrak{Sin}\,\beta t}{\alpha^2-\beta^2}$	$\operatorname{Max}|\Re\alpha|,|\Re\beta|$

Rationale Funktionen

1.

39	$\dfrac{s^2}{(s^2+\alpha^2)(s^2+\beta^2)}$	$\dfrac{\alpha\sin\alpha t - \beta\sin\beta t}{\alpha^2-\beta^2}$	Max $\;|\Im\alpha|,\,|\Im\beta|$
40	$\dfrac{s^3}{(s^2-\alpha^2)(s^2-\beta^2)}$	$\dfrac{\alpha^2\operatorname{\mathfrak{Cof}}\alpha t - \beta^2\operatorname{\mathfrak{Cof}}\beta t}{\alpha^2-\beta^2}$	Max $\;|\Re\alpha|,\,|\Re\beta|$
41	$\dfrac{s^3}{(s^2+\alpha^2)(s^2+\beta^2)}$	$\dfrac{\alpha^2\cos\alpha t - \beta^2\cos\beta t}{\alpha^2-\beta^2}$	Max $\;|\Im\alpha|,\,|\Im\beta|$
42	$\dfrac{1}{(s^2-\alpha^2)^2}$	$\dfrac{t\operatorname{\mathfrak{Cof}}\alpha t}{2\alpha^2} - \dfrac{\operatorname{\mathfrak{Sin}}\alpha t}{2\alpha^3}$	$|\Re\alpha|$
43	$\dfrac{1}{(s^2+\alpha^2)^2}$	$\dfrac{\sin\alpha t}{2\alpha^3} - \dfrac{t\cos\alpha t}{2\alpha^2}$	$|\Im\alpha|$
44	$\dfrac{s^2-2\alpha^2}{s^4+4\alpha^4}$	$\dfrac{1}{\alpha}\cos\alpha t\,\operatorname{\mathfrak{Sin}}\alpha t$	$|\Re\alpha| + |\Im\alpha|$
45	$\dfrac{s^2+2\alpha^2}{s^4+4\alpha^4}$	$\dfrac{1}{\alpha}\sin\alpha t\,\operatorname{\mathfrak{Cof}}\alpha t$	$|\Re\alpha| + |\Im\alpha|$
46	$\dfrac{1}{(s^2+\alpha^2)(s^2+9\alpha^2)}$	$\dfrac{\sin^3\alpha t}{6\alpha^3}$	$3|\Im\alpha|$
47	$\dfrac{s(s^2+7\alpha^2)}{(s^2+\alpha^2)(s^2+9\alpha^2)}$	$\cos^3\alpha t$	$3|\Im\alpha|$
48	$\dfrac{1}{(s^2-\alpha^2)^3}$	$\dfrac{1}{8\alpha^5}\left[(3+\alpha^2t^2)\operatorname{\mathfrak{Sin}}\alpha t - 3\alpha t\operatorname{\mathfrak{Cof}}\alpha t\right]$	$|\Re\alpha|$
49	$\dfrac{1}{(s^2+\alpha^2)^3}$	$\dfrac{1}{8\alpha^5}\left[(3-\alpha^2t^2)\sin\alpha t - 3\alpha t\cos\alpha t\right]$	$|\Im\alpha|$
50	$\dfrac{s}{(s^2-\alpha^2)^3}$	$\dfrac{t}{(2\alpha)^3}(\alpha t\operatorname{\mathfrak{Cof}}\alpha t - \operatorname{\mathfrak{Sin}}\alpha t)$	$|\Re\alpha|$
51	$\dfrac{s}{(s^2+\alpha^2)^3}$	$\dfrac{t}{(2\alpha)^3}(\sin\alpha t - \alpha t\cos\alpha t)$	$|\Im\alpha|$

1.

52	$\dfrac{s^2}{(s^2-\alpha^2)^3}$	$\dfrac{1}{(2\alpha)^3}\left[\alpha t\,\mathfrak{Cof}\,\alpha t-(1-\alpha^2 t^2)\,\mathfrak{Sin}\,\alpha t\right]$	$|\Re\alpha|$
53	$\dfrac{s^2}{(s^2+\alpha^2)^3}$	$\dfrac{1}{(2\alpha)^3}\left[(1+\alpha^2 t^2)\sin\alpha t-\alpha t\cos\alpha t\right]$	$|\Im\alpha|$
54	$\dfrac{1}{s^n}\ ,\ n>0$	$\dfrac{t^{n-1}}{(n-1)!}$	0
55	$\dfrac{1}{s(s+\alpha)^n}$	$\dfrac{1}{\alpha^n(n-1)!}P(\alpha t,n)$	$Max\ 0,-\Re\alpha$
56	$\dfrac{1}{s}\left[1-\dfrac{\alpha^n}{(s+\alpha)^n}\right]$	$\dfrac{1}{(n-1)!}Q(\alpha t,n)$	$-\Re\alpha$
57	$\dfrac{(s-\alpha)^n}{(s+\alpha)^{n+1}}$	$e^{-\alpha t}L_n(2\alpha t)$	$-\Re\alpha$
58	$\dfrac{1}{s}\left(1-\dfrac{1}{s}\right)^n$	$L_n(t)$	0
59	$\dfrac{1}{s(s^2+\alpha^2)(s^2+4\alpha^2)\ .\ .\ .\ (s^2+n^2\alpha^2)}$	$\dfrac{4^n\sin^{2n}\frac{\alpha}{2}t}{(2n)!\,\alpha^{2n}}$	$n|\Im\alpha|$
60	$\dfrac{1}{s(s^2-\alpha^2)(s^2-4\alpha^2)\ .\ .\ .\ (s^2-n^2\alpha^2)}$	$\dfrac{4^n\,\mathfrak{Sin}^{2n}\frac{\alpha}{2}t}{(2n)!\,\alpha^{2n}}$	$n|\Re\alpha|$
61	$\dfrac{1}{(s^2+\alpha^2)(s^2+3^2\alpha^2)\ldots\left[s^2+(2n+1)^2\alpha^2\right]}$	$\dfrac{\sin^{2n+1}\alpha t}{(2n+1)!\,\alpha^{2n+1}}$	$(2n+1)|\Im\alpha|$
62	$\dfrac{1}{(s^2-\alpha^2)(s^2-3^2\alpha^2)\ldots\left[s^2-(2n+1)^2\alpha^2\right]}$	$\dfrac{\mathfrak{Sin}^{2n+1}\alpha t}{(2n+1)!\,\alpha^{2n+1}}$	$(2n+1)|\Re\alpha|$

1.

63	$$\dfrac{g(s)}{h(s)}$$ g , h Polynome , g von niedrigerem Grad als h . "Expansion theorem" des Heaviside-Kalküls.	$$\sum_{k=1}^{n}\frac{g(\alpha_k)}{h'(\alpha_k)}e^{\alpha_k t}$$ α_k (k=1,2,...,n) : die als einfach vorausgesetzten Nullstellen von h(s) .	$\mathcal{R}e\,\mathcal{R}\alpha_k$
64	$$\frac{1}{p(s)}=\frac{1}{(s-\alpha_1)^{l_1}(s-\alpha_2)^{l_2}\ldots(s-\alpha_n)^{l_n}}$$ l_k = ganze Zahlen	$$\sum_{k=1}^{n}\left(\alpha_{k1}+\alpha_{k2}\frac{t}{1!}+\cdots+\alpha_{kl_k}\frac{t^{l_k-1}}{(l_k-1)!}\right)e^{\alpha_k t}$$ $$\alpha_{k\nu}=\frac{1}{2\pi i}\int\frac{(s-\alpha_k)^{\nu-1}}{p(s)}ds\ (\nu=1,2\ldots l_k)$$ erstreckt über einen Kreis um α_k, der die übrigen α ausschließt.	$\mathcal{R}e\,\mathcal{R}\alpha_k$
65	$$\frac{1}{s(\alpha s+1)\ldots(\alpha s+n)}$$	$$\frac{1}{n!}\left(1-e^{-\frac{t}{\alpha}}\right)^{n}$$	$\mathcal{R}e\ 0,-n\mathcal{R}\frac{1}{\alpha}$

2. Irrationale Funktionen

Nr.	$f(s)$	$F(t)$	K.A.
1	$\sqrt{\sqrt{s^2+\alpha^2}-s}$	$\dfrac{\sin\alpha t}{t\sqrt{2\pi t}}$	$\lvert\Im\alpha\rvert$
2	$\left(\sqrt{s+\alpha}-\sqrt{s}\right)^{2\nu},\quad \Re\nu>0$	$\dfrac{\nu\alpha^\nu}{t}e^{-\frac{\alpha t}{2}}I_\nu\!\left(\frac{\alpha t}{2}\right)$	$Max\ 0,-\Re\alpha$
3	$\left(\sqrt{s^2+\alpha^2}-s\right)^\nu,\quad \Re\nu>0$	$\dfrac{\nu\alpha^\nu}{t}J_\nu(\alpha t)$	$\lvert\Im\alpha\rvert$
4	$\left(s-\sqrt{s^2-\alpha^2}\right)^\nu,\quad \Re\nu>0$	$\dfrac{\nu\alpha^\nu}{t}I_\nu(\alpha t)$	$\lvert\Re\alpha\rvert$
5	$\dfrac{\sqrt{s+\alpha}}{s}$	$\dfrac{e^{-\alpha t}}{\sqrt{\pi t}}+\sqrt{\alpha}\ \mathrm{erf}\sqrt{\alpha t}$	$Max\ 0,-\Re\alpha$
6	$\dfrac{\sqrt{s+\alpha}}{s+\beta}$	$\dfrac{e^{-\alpha t}}{\sqrt{\pi t}}+\sqrt{\alpha-\beta}\ e^{-\beta t}\ \mathrm{erf}\sqrt{(\alpha-\beta)t}$	$Max\ -\Re\alpha,-\Re\beta$
7	$\dfrac{1}{\sqrt{s}}$	$\dfrac{1}{\sqrt{\pi t}}$	0
8	$\dfrac{1}{\sqrt{s}+\alpha}$	$\dfrac{1}{\sqrt{\pi t}}-\alpha\,e^{\alpha^2 t}\,\mathrm{erfc}\,\alpha\sqrt{t}$	$0\ \ f\ddot{u}r\ \Re\alpha\geq 0$ $\Re\alpha^2\ f\ddot{u}r\ \Re\alpha<0$
9	$\dfrac{1}{\sqrt{s+\alpha}}$	$\dfrac{\sqrt{2\alpha}}{\pi}K_{\frac{1}{2}}(\alpha t)=\dfrac{e^{-\alpha t}}{\sqrt{\pi t}}$	$-\Re\alpha$
10	$\sqrt{\dfrac{s}{s+\alpha}}\left(\sqrt{s+\alpha}-\sqrt{s}\right)^{2\nu}$	$\dfrac{\alpha^{\nu+1}e^{-\frac{\alpha t}{2}}}{2}\left[I'_\nu\!\left(\frac{\alpha t}{2}\right)-I_\nu\!\left(\frac{\alpha t}{2}\right)\right]$	$Max\ 0,-\Re\alpha$
11	$\dfrac{1}{\sqrt{s^2-\alpha^2}}$	$I_0(\alpha t)$	$\lvert\Re\alpha\rvert$
12	$\dfrac{1}{\sqrt{s^2+\alpha^2}}$	$J_0(\alpha t)$	$\lvert\Im\alpha\rvert$

2.

13	$\dfrac{1}{\sqrt{s}\,(\alpha+\sqrt{s})}$	$e^{\alpha^2 t}\operatorname{erfc}\alpha\sqrt{t}$	0 für $\Re\alpha\gtrless 0$ $\Re\alpha^2$ für $\Re\alpha<0$
14	$\dfrac{1}{\sqrt{s}\,(1+\alpha\sqrt{s})}$	$\dfrac{1}{\alpha}e^{\frac{t}{\alpha^2}}\operatorname{erfc}\dfrac{\sqrt{t}}{\alpha}$	0 für $\Re\alpha\gtrless 0$ $\Re\dfrac{1}{\alpha^2}$ für $\Re\alpha<0$
15	$\dfrac{1}{\sqrt{(s+\alpha)(s+\beta)}}$	$e^{-\frac{\alpha+\beta}{2}t}\,I_0\!\left(\dfrac{\alpha-\beta}{2}t\right)$	$Max\ -\Re\alpha,\,-\Re\beta$
16	$\dfrac{1}{\sqrt{s^2+\alpha s+\beta}}$	$e^{-\frac{\alpha}{2}t}\,J_0\!\left(\sqrt{\beta-\dfrac{\alpha^2}{4}}\,t\right)$	$\left|\Im\sqrt{\beta-\dfrac{\alpha^2}{4}}\right|-\Re\dfrac{\alpha}{2}$
17	$\dfrac{1}{(\alpha+\sqrt{s})^2}$	$(2\alpha^2 t+1)e^{\alpha^2 t}\operatorname{erfc}\alpha\sqrt{t}-2\alpha\sqrt{\dfrac{t}{\pi}}$	0 für $\Re\alpha\gtrless 0$ $\Re\alpha^2$ für $\Re\alpha<0$
18	$\dfrac{1}{\sqrt[3]{s^3+\alpha^3}}$	$\Gamma\!\left(\dfrac{2}{3}\right)\sqrt[3]{\dfrac{\alpha t}{3}}\,J_{0,-\frac{1}{3}}(\alpha t)$	$Max\ -\Re\alpha,\,\dfrac{\Re\alpha+\sqrt{3}\,|\Im\alpha|}{2}$
19	$\sqrt{\dfrac{\sqrt{s^2+\alpha^2}-s}{s^2+\alpha^2}}$	$\sqrt{\alpha}\,J_{\frac{1}{2}}(\alpha t)=\sqrt{\dfrac{2}{\pi t}}\sin\alpha t$	$|\Im\alpha|$
20	$\sqrt{\dfrac{\sqrt{s^2-\alpha^2}-s}{s^2-\alpha^2}}$	$\sqrt{\alpha}\,I_{\frac{1}{2}}(\alpha t)=\sqrt{\dfrac{2}{\pi t}}\sinh\alpha t$	$|\Re\alpha|$
21	$\sqrt{\dfrac{\sqrt{s^2+\alpha^2}+s}{s^2+\alpha^2}}$	$\sqrt{\alpha}\,J_{-\frac{1}{2}}(\alpha t)=\sqrt{\dfrac{2}{\pi t}}\cos\alpha t$	$|\Im\alpha|$
22	$\sqrt{\dfrac{\sqrt{s^2-\alpha^2}+s}{s^2-\alpha^2}}$	$\sqrt{\alpha}\,I_{-\frac{1}{2}}(\alpha t)=\sqrt{\dfrac{2}{\pi t}}\cosh\alpha t$	$|\Re\alpha|$

2.

23	$\dfrac{1}{s}\left[(s+\sqrt{s^2-\alpha^2})^\nu+(s-\sqrt{s^2-\alpha^2})^\nu\right]$ $-1<\Re\nu<1$	$2\alpha^\nu\left[\dfrac{\nu}{\pi}\sin\nu\pi\,\mathrm{Ki}_\nu(\alpha t)+\cos\dfrac{\nu\pi}{2}\right]$	$\lvert\Re\alpha\rvert$
24	$\dfrac{(s+\sqrt{s^2-\alpha^2})^\nu-(s-\sqrt{s^2-\alpha^2})^\nu}{\sqrt{s^2-\alpha^2}}$ $-1<\Re\nu<1$	$\dfrac{2\alpha^\nu}{\pi}\sin\nu\pi\,K_\nu(\alpha t)$	$\lvert\Re\alpha\rvert$
25	$\dfrac{1}{s}\left[(\sqrt{s^2+\alpha^2}+s)^\nu+(\sqrt{s^2+\alpha^2}-s)^\nu\cos\nu\pi\right]$ $-1<\Re\nu<1$	$\alpha^\nu\left[1+\cos\nu\ -\nu\sin\nu\pi\,\mathrm{Ni}_\nu(\alpha t)\right]$	$\lvert\Im\alpha\rvert$
26	$\dfrac{(s+\sqrt{s^2-i\alpha^2})^\nu-(s-\sqrt{s^2-i\alpha^2})^\nu}{\sqrt{s^2-i\alpha^2}}$ $-1<\Re\nu<1$	$\dfrac{2\alpha^\nu}{\pi}i^\nu\sin\nu\pi\left(\mathrm{ker}_\nu\alpha t+i\,\mathrm{kei}_\nu\alpha t\right)$	$\dfrac{\lvert\Re\alpha\rvert}{\sqrt{2}}$
27	$\dfrac{(\sqrt{s^2+\alpha^2}-s)^\nu\cos\nu\pi-(\sqrt{s^2+\alpha^2}+s)^\nu}{\sqrt{s^2+\alpha^2}}$ $-1<\Re\nu<1$	$\alpha^\nu\sin\nu\pi\,N_\nu(\alpha t)$	$\lvert\Im\alpha\rvert$
28	$\dfrac{(s-\sqrt{s^2-i\alpha^2})^\nu}{\sqrt{s^2-i\alpha^2}}$, $\Re\nu>-1$	$\alpha^\nu i^{-\frac{\nu}{2}}\left(\mathrm{ber}_\nu\alpha t+i\,\mathrm{bei}_\nu\alpha t\right)$	$\dfrac{\lvert\Re\alpha\rvert}{\sqrt{2}}$
29	$\dfrac{(s-\sqrt{s^2-\alpha^2})^\nu}{\sqrt{s^2-\alpha^2}}$, $\Re\nu>-1$	$\alpha^\nu I_\nu(\alpha t)$	$\lvert\Re\alpha\rvert$
30	$\dfrac{(\sqrt{s^2+\alpha^2}-s)^\nu}{\sqrt{s^2+\alpha^2}}$, $\Re\nu>-1$	$\alpha^\nu J_\nu(\alpha t)$	$\lvert\Im\alpha\rvert$
31	$\dfrac{(\sqrt{s+\alpha}-\sqrt{s})^{2\nu}}{\sqrt{s(s+\alpha)}}$, $\Re\nu>-1$	$\alpha^\nu e^{-\frac{\alpha}{2}t}I_\nu(\tfrac{\alpha}{2}t)$	$Max\ 0,-\Re\alpha$
32	$\dfrac{(\sqrt{s}-\sqrt{s-\alpha})^{2\nu}}{\sqrt{s(s-\alpha)}}$, $\Re\nu>-1$	$\alpha^\nu e^{\frac{\alpha}{2}t}I_\nu(\tfrac{\alpha}{2}t)$	$Max\ 0,\ \Re\alpha$

2. Irrationale Funktionen

33	$\dfrac{\left(\sqrt{s^2+\alpha^2}-s\right)^{n+\frac12}}{\sqrt{s^2+\alpha^2}}$	$(-1)^n\alpha^{n+\frac12}N_{-n-\frac12}(\alpha t)$	$\lvert\Im\alpha\rvert$
34	$\dfrac{1}{s\sqrt{s}}$	$2\sqrt{\dfrac{t}{\pi}}$	0
35	$\dfrac{1}{(\alpha+\sqrt{s})^3}$	$2(\alpha^2 t+1)\sqrt{\dfrac{t}{\pi}}-\alpha t e^{\alpha^2 t}(2\alpha^2 t+3)\,\mathrm{erfc}\,\alpha\sqrt{t}$	$0\ $ für $\Re\alpha\gtreqless0$ $\Re\alpha^2\ $ für $\Re\alpha<0$
36	$\dfrac{1}{s(\alpha+\sqrt{s})}$	$\dfrac{1}{\alpha}\left(1-e^{\alpha^2 t}\,\mathrm{erfc}\,\alpha\sqrt{t}\right)$	$0\ $ für $\Re\alpha\gtreqless0$ $\Re\alpha^2\ $ für $\Re\alpha<0$
37	$\dfrac{1}{s\sqrt{s+\alpha}}$	$\dfrac{1}{\sqrt{\alpha}}\,\mathrm{erf}\,\sqrt{\alpha t}$	$\mathrm{Max}\ 0,-\Re\alpha$
38	$\dfrac{1}{(s+\alpha)\sqrt{s+\beta}}$	$\dfrac{e^{-\alpha t}\,\mathrm{erf}\,\sqrt{(\beta-\alpha)t}}{\sqrt{\beta-\alpha}}$	$\mathrm{Max}\ -\Re\alpha,-\Re\beta$
39	$\dfrac{1}{\sqrt{(s-\alpha)(s-\beta)(s-\gamma)}}$	$\pi^{-\frac32}\dfrac{e^{\alpha t}}{\sqrt{t}}*\dfrac{e^{\beta t}}{\sqrt{t}}*\dfrac{e^{\gamma t}}{\sqrt{t}}$ $=\dfrac{e^{\alpha t}}{\sqrt{\pi t}}*\left[I_0\left(\dfrac{\beta-\gamma}{2}t\right)e^{\frac{\beta+\gamma}{2}t}\right]$	$\mathrm{Max}\ \Re\alpha,\Re\beta,\Re\gamma$
40	$\dfrac{1}{\sqrt{s}\,(\alpha+\sqrt{s})^2}$	$2\sqrt{\dfrac{t}{\pi}}-2\alpha t e^{\alpha^2 t}\,\mathrm{erfc}\,\alpha\sqrt{t}$	$0\ $ für $\Re\alpha\gtreqless0$ $\Re\alpha^2\ $ für $\Re\alpha<0$
41	$\dfrac{1}{\sqrt{s^3+\alpha^3}}$	$\dfrac{2}{3}\sqrt{\pi t}\,\mathcal{Y}_{\frac16,-\frac16}(\alpha t)$	$\mathrm{Max}\ -\Re\alpha,\dfrac{\Re\alpha+\sqrt{3}\,\lvert\Im\alpha\rvert}{2}$
42	$\dfrac{\sqrt{s+\alpha}}{s\sqrt{s}}$	$e^{-\frac{\alpha}{2}t}\left[(1+\alpha t)I_0\left(\dfrac{\alpha t}{2}\right)+\alpha t\,I_1\left(\dfrac{\alpha t}{2}\right)\right]$	$\mathrm{Max}\ 0,-\Re\alpha$
43	$\dfrac{1}{s}\sqrt{\dfrac{s+\beta}{s+\alpha}}$	$e^{-\frac{\alpha+\beta}{2}t}I_0\left(\dfrac{\alpha-\beta}{2}t\right)+\beta\displaystyle\int_0^t e^{-\frac{\alpha+\beta}{2}\tau}I_0\left(\dfrac{\alpha-\beta}{2}\tau\right)d\tau$	$\mathrm{Max}\ 0,-\Re\alpha,-\Re\beta$

2.   Irrationale Funktionen

44	$\dfrac{1}{s}\dfrac{\alpha-\sqrt{s}}{\alpha+\sqrt{s}}$	$1-2e^{\alpha^2 t}\,\operatorname{erfc}\alpha\sqrt{t}$	0 für $\Re\alpha\gtreqqless 0$ $\Re\alpha^2$ für $\Re\alpha<0$
45	$\dfrac{\sqrt{s}}{(\alpha+\sqrt{s})^3}$	$(2\alpha^4 t^2+5\alpha^2 t+1)e^{\alpha^2 t}\operatorname{erfc}\alpha\sqrt{t}-2\alpha(\alpha^2 t+2)\sqrt{\dfrac{t}{\pi}}$	0 für $\Re\alpha\gtreqqless 0$ $\Re\alpha^2$ für $\Re\alpha<0$
46	$\dfrac{s}{\sqrt{s^3+\alpha^3}}$	$\dfrac{2\alpha}{3}\sqrt{\pi t}\;\mathscr{Y}_{\frac{1}{6},-\frac{5}{6}}(\alpha t)$	$Max\ -\Re\alpha,\ \dfrac{\Re\alpha+\sqrt{3}\,\lvert\Im\alpha\rvert}{2}$
47	$\dfrac{1}{\sqrt{s^4-\alpha^4}}$	$\mathscr{Y}_0(\alpha t)*\mathrm{I}_0(\alpha t)$	$\lvert\Re\alpha\rvert$
48	$\dfrac{1}{\sqrt{s}\,(\alpha+\sqrt{s})^3}$	$(2\alpha t^2+1)t\,e^{\alpha^2 t}\operatorname{erfc}\alpha\sqrt{t}-2\alpha t\sqrt{\dfrac{t}{\pi}}$	0 für $\Re\alpha\gtreqqless 0$ $\Re\alpha^2$ für $\Re\alpha<0$
49	$\dfrac{1}{s\,(\alpha+\sqrt{s})^2}$	$\dfrac{1}{\alpha^2}+\left(2t-\dfrac{1}{\alpha^2}\right)e^{\alpha^2 t}\operatorname{erfc}\alpha\sqrt{t}-\dfrac{2}{\alpha}\sqrt{\dfrac{t}{\pi}}$	0 für $\Re\alpha\gtreqqless 0$ $\Re\alpha^2$ für $\Re\alpha<0$
50	$\dfrac{1}{(\alpha+\sqrt{s})^4}$	$-\dfrac{2}{3}\alpha^3 t^2(2\alpha^2 t+5)\sqrt{\dfrac{t}{\pi}}+t\left(\dfrac{4}{3}\alpha^4 t^2+4\alpha^2 t+1\right)e^{\alpha^2 t}\operatorname{erfc}\alpha\sqrt{t}$	0 für $\Re\alpha\gtreqqless 0$ $\Re\alpha^2$ für $\Re\alpha<0$
51	$\dfrac{1}{s}\left(\dfrac{\alpha-\sqrt{s}}{\alpha-\sqrt{s}}\right)^2$	$1+8\alpha^2 t\,e^{\alpha^2 t}\operatorname{erfc}\alpha\sqrt{t}-8\alpha\sqrt{\dfrac{t}{\pi}}$	0 für $\Re\alpha\gtreqqless 0$ $\Re\alpha^2$ für $\Re\alpha<0$
52	$\sqrt{\dfrac{\sqrt{s^2+\alpha^2}+s^2}{s^4+\alpha^4}}$	$\sqrt{2}\,\operatorname{ber}\alpha t$	$\dfrac{\lvert\Re\alpha\rvert+\lvert\Im\alpha\rvert}{\sqrt{2}}$
53	$\sqrt{\dfrac{\sqrt{s^2+\alpha^2}-s^2}{s^4+\alpha^4}}$	$\sqrt{2}\,\operatorname{bei}\alpha t$	$\dfrac{\lvert\Re\alpha\rvert+\lvert\Im\alpha\rvert}{\sqrt{2}}$

2.   Irrationale Funktionen

54	$\dfrac{\sqrt{\sqrt{(s^2+\alpha^2-1)^2+4s^2}-(s^2+\alpha^2-1)}}{s\sqrt{(s^2+\alpha^2-1)^2+4s^2}}$	$-\sqrt{2}\,\mathcal{Y}_s(\alpha,t)$	$|\Im\alpha|$
55	$\dfrac{\sqrt{s^2+\alpha^2-1+\sqrt{(s^2+\alpha^2-1)^2+4s^2}}}{s\sqrt{(s^2+\alpha^2-1)^2+4s^2}}$	$\sqrt{2}\,\mathcal{Y}_c(\alpha,t)$	$|\Im\alpha|$
56	$\dfrac{\sqrt{\sqrt{s^2+4}-s}}{s^{3/2}\sqrt{s^2+4}}$	$-\sqrt{2}\,\mathcal{Y}_s(1,t)$	0
57	$\dfrac{\sqrt{\sqrt{s^2+4}+s}}{s^{3/2}\sqrt{s^2+4}}$	$\sqrt{2}\,\mathcal{Y}_c(1,t)$	0
58	$\dfrac{1}{s(\alpha+\sqrt{s})^3}$	$\dfrac{1}{\alpha^3}-\left(2\alpha t^2-\dfrac{t}{\alpha}+\dfrac{1}{\alpha^3}\right)e^{\alpha^2 t}\operatorname{erfc}\alpha\sqrt{t}+2\left(t-\dfrac{1}{\alpha^2}\right)\sqrt{\dfrac{t}{\pi}}$	0 für $\Re\alpha\gtreqless 0$ $\Re\alpha^2$ für $\Re\alpha<0$
59	$\dfrac{1}{s}\left(\dfrac{\alpha-\sqrt{s}}{\alpha+\sqrt{s}}\right)^3$	$1-2(8\alpha^4 t^2+8\alpha^2 t+1)e^{\alpha^2 t}\operatorname{erfc}\alpha\sqrt{t}+8\alpha(2\alpha^2 t+1)\sqrt{\dfrac{t}{\pi}}$	0 für $\Re\alpha\gtreqless 0$ $\Re\alpha^2$ für $\Re\alpha<0$
60	$\dfrac{1}{s(\sqrt{s^2+\alpha^2})^3}$	$\dfrac{\pi t}{2\alpha^2}\left[\mathcal{Y}_1(\alpha t)\,\mathbf{H}_0(\alpha t)-\mathcal{Y}_0(\alpha t)\,\mathbf{H}_1(\alpha t)\right]$	$|\Im\alpha|$
61	$\dfrac{1}{s(\sqrt{s^2-\alpha^2})^3}$	$\dfrac{\pi t}{2\alpha^2}\left[I_1(\alpha t)\,\mathbf{L}_0(\alpha t)-I_0(\alpha t)\,\mathbf{L}_1(\alpha t)\right]$	$|\Re\alpha|$
62	$\dfrac{1}{s^\nu}$, $\Re\nu>0$	$\dfrac{t^{\nu+1}}{\Gamma(\nu)}$	0
63	$\dfrac{1}{(\sqrt{s+\alpha}+\sqrt{s})^{2\nu}}$, $\Re\nu>0$	$\dfrac{\nu\,e^{\frac{\alpha t}{2}}\,I_\nu\!\left(\frac{\alpha t}{2}\right)}{\alpha^\nu t}$	$\mathrm{Max}-\Re\alpha,0$
64	$\dfrac{1}{(s+\sqrt{s^2-\alpha^2})^\nu}$, $\Re\nu>0$	$\dfrac{\nu\,I_\nu(\alpha t)}{\alpha^\nu t}$	$|\Re\alpha|$

2. Irrationale Funktionen

65	$\dfrac{1}{(s+\sqrt{s^2+\alpha^2})^\nu}$, $\ \Re\nu>0$	$-\dfrac{\nu J_\nu(\alpha t)}{\alpha^\nu t}$ $\|\Im\alpha\|$
66	$\dfrac{\nu\sqrt{s^2-\alpha^2}+s}{(s+\sqrt{s^2-\alpha^2})^\nu}$, $\ \Re\nu>1$	$\dfrac{\nu(\nu^2-1)I_\nu(\alpha t)}{\alpha^\nu t^2}$ $\|\Re\alpha\|$
67	$\dfrac{\nu\sqrt{s^2+\alpha^2}+s}{(s+\sqrt{s^2+\alpha^2})^\nu}$, $\ \Re\nu>1$	$\dfrac{\nu(\nu^2-1)J_\nu(\alpha t)}{\alpha^\nu t^2}$ $\|\Im\alpha\|$
68	$\dfrac{(s^2+\alpha^2)^{\frac{m-1}{2}}}{(s+\sqrt{s^2+\alpha^2})^n}$ $n>m-1$	$2^{-m}\alpha^{m-n}J_n^m(\alpha t)$ $\|\Im\alpha\|$
69	$\dfrac{1}{s^{n+\frac12}}$	$\dfrac{t^{n-\frac12}4^n n!}{(2n)!\sqrt{\pi}}$ 0
70	$\dfrac{\sqrt{s}}{\sqrt{s+\alpha}\,(\sqrt{s}+\sqrt{s+\alpha})^{2\nu}}$ $\Re\nu>0$	$\dfrac{\alpha^{1-\nu}e^{-\frac{\alpha t}{2}}}{2}\left[I'_\nu\!\left(\tfrac{\alpha t}{2}\right)-I_\nu\!\left(\tfrac{\alpha t}{2}\right)\right]$ $\mathrm{Max}\,0,-\Re\alpha$
71	$\dfrac{(\alpha-s)^n}{(\alpha+s)^{n+\frac12}}$	$\dfrac{D_{2n}(2\sqrt{\alpha t})}{2^n\,\Gamma(n+\frac12)\sqrt{t}}$ $-\Re\alpha$
72	$\dfrac{(1-s)^n}{s^{n+\frac12}}$	$\dfrac{n!}{\sqrt{\pi}\,(2n)!}\dfrac{He^{*}_{2n}(\sqrt{t})}{\sqrt{t}}-\dfrac{(2n)!}{2^n n!}\dfrac{He_{2n}(\sqrt{2t})}{\sqrt{\pi t}}$ 0
73	$\dfrac{(\sqrt{s+\alpha}-\sqrt{\alpha})^\nu}{s^\nu\sqrt{s+\alpha}}$, $\ \Re\nu>-1$	$\sqrt{\dfrac{2}{\pi}}\,(2t)^{\frac{\nu-1}{2}}e^{-\frac{\alpha t}{2}}D_{-\nu}(\sqrt{2\alpha t})$ $-\Re\alpha$
74	$\dfrac{s^{\mu-\frac12}}{(s+\alpha)^{\mu+\frac12}}$	$\dfrac{e^{-\frac{\alpha t}{2}}}{\sqrt{\alpha\pi^2 t^3}}\,M_{\mu,-\frac12}(\alpha t)$ $\mathrm{Max}\,0,-\Re\alpha$
75	$\dfrac{s^{\mu-\frac12}}{(s+\alpha)^{\mu+\frac12}}$	$\dfrac{2e^{-\frac{\alpha t}{2}}}{\sqrt{\alpha^3\pi^2 t}}\,M_{\mu,\frac12}(\alpha t)$ $\mathrm{Max}\,0,-\Re\alpha$

76	$\dfrac{(s-1)^n}{\sqrt{s}\,(s+1)^{n+1}}$	$\dfrac{in!}{2\pi}\left[D^2_{-n-1}(\sqrt{-2t})-D^2_{-n-1}(-\sqrt{-2t})\right]$	0
77	$\dfrac{(1-s)^n}{s^{n+m+\frac{1}{2}}}$	$\dfrac{n!}{\sqrt{\pi}\,4^m(2m+2n)!}\sum_{k=0}^m a_k\dfrac{d^k}{dt^k}\left[t^{k-\frac{1}{2}}\mathrm{He}^*_{2m+2n}(\sqrt{t})\right]$ a_k definiert durch $\mathrm{He}^*_{2m}(x)=\sum_{k=0}^m a_k x^{2k}$	0
78	$\dfrac{(s-\alpha)^{\mu-\nu-\frac{1}{2}}}{(s+\alpha)^{\mu+\nu+\frac{1}{2}}}$, $\Re\nu>-\frac{1}{2}$	$(2\alpha)^{-2\nu}N_{\mu,\nu}(2\alpha t)$	$|\Re\alpha|$
79	$\dfrac{1}{s^\alpha(s-\beta)}$, $\Re\alpha>-1$	$\sum_{k=0}^\infty\dfrac{(-1)^k k!\,t^\nu L_k^{(\alpha)}(2\beta t)}{2^{\alpha-1}\Gamma(\alpha+k+1)}$	Max $0,\Re\beta$
80	$\dfrac{1}{(s^2+\alpha^2)^{\nu+\frac{1}{2}}}$, $\Re\nu>-\frac{1}{2}$	$\left(\dfrac{2t}{\alpha}\right)^\nu\dfrac{\Gamma(\nu+1)}{\Gamma(2\nu+1)}J_\nu(\alpha t)$	$|\Im\alpha|$
81	$\dfrac{1}{(s^2-\alpha^2)^{\nu+\frac{1}{2}}}$, $\Re\nu>-\frac{1}{2}$	$\left(\dfrac{2t}{\alpha}\right)^\nu\dfrac{\Gamma(\nu+1)}{\Gamma(2\nu+1)}I_\nu(\alpha t)$	$|\Re\alpha|$
82	$\dfrac{1}{\sqrt{s(s+\alpha)}\left(\sqrt{s}+\sqrt{s^2+\alpha^2}\right)^{2\nu}}$ $\Re\nu>-1$	$\dfrac{1}{\alpha^\nu}e^{-\frac{\alpha}{2}t}I_\nu\left(\dfrac{\alpha t}{2}\right)$ vgl. 31	Max $0,-\Re\alpha$
83	$\dfrac{1}{\sqrt{s^2-\alpha^2}\left(s+\sqrt{s^2-\alpha^2}\right)^\nu}$, $\Re\nu>-1$	$\dfrac{1}{\alpha^\nu}I_\nu(\alpha t)$ vgl. 29	$|\Re\alpha|$
84	$\dfrac{1}{\sqrt{s^2+\alpha^2}\left(s+\sqrt{s^2+\alpha^2}\right)^\nu}$ $\Re\nu>-1$	$\dfrac{1}{\alpha^\nu}J_\nu(\alpha t)$ vgl. 30	$|\Im\alpha|$
85	$\dfrac{1}{s^{\alpha-1}(2s^2-2\beta s+\beta^2)}$ $\Re\nu>-1$	$t^\alpha\sum_{k=0}^\infty\dfrac{(-1)^k(2k)!\,L_{2k}^{(\alpha)}(2\beta t)}{\Gamma(2k+\alpha+1)}$	Max $0,\Re\frac{\beta}{2}+\left|\Im\frac{\beta}{2}\right|$

2.   Irrationale Funktionen

86	$\left(\dfrac{\sqrt{s+\alpha}-\sqrt{\alpha}}{s}\right)^{\nu+1}$, $\mathscr{R}\nu>-1$	$\sqrt{\dfrac{2}{\pi}}\,(\nu+1)(2t)^{\frac{\nu-1}{2}}e^{-\frac{\alpha t}{2}}D_{-\nu-2}(\sqrt{2\alpha t})$	$-\mathscr{R}\alpha$
87	$\dfrac{1}{s}\left(\dfrac{s}{s-\alpha}\right)^{\nu}$	${}_1\mathscr{F}_1(\nu,1;\alpha t)$	$Max\ 0,\mathscr{R}\alpha$
88	$\dfrac{(\alpha-s)^n}{(\alpha+s)^{n+\frac{1}{2}}}$	$\dfrac{D_{2n+1}(2\sqrt{\alpha t})}{\sqrt{\alpha}\,2^{n+1}\Gamma(n+\frac{3}{2})}$	$-\mathscr{R}\alpha$
89	$\dfrac{(1-s)^n}{s^{n+\frac{1}{2}}}$	$\sqrt{\dfrac{2}{\pi}}\,\dfrac{2^n n!}{(2n+1)!}He_{2n+1}(\sqrt{2t})=\dfrac{n!}{\sqrt{\pi}(2n+1)!}He^{*}_{2n+1}(\sqrt{t})$	0
90	$\dfrac{1}{(s+\alpha)^{\nu}(s+\beta)^{\nu}}$, $\mathscr{R}\nu>0$	$\dfrac{\sqrt{\pi}}{\Gamma(\nu)}\left(\dfrac{t}{\alpha-\beta}\right)^{\nu-\frac{1}{2}}e^{-\frac{\alpha+\beta}{2}t}I_{\nu-\frac{1}{2}}\left(\dfrac{\alpha-\beta}{2}t\right)$	$Max\ -\mathscr{R}\alpha,-\mathscr{R}\beta$
91	$\dfrac{s^n}{(s+\beta)^{n+\alpha+1}}$, $\mathscr{R}\alpha>-1$	$e^{-\beta t}t^{\alpha}L_n^{(\alpha)}(\beta t)$	$-\mathscr{R}\beta$
92	$\dfrac{(s-1)^n}{s^{n+\alpha+1}}$, $\mathscr{R}\alpha>-1$	$\dfrac{n!\,t^{\alpha}L_n^{(\alpha)}(t)}{\Gamma(n+\alpha+1)}=(-1)^n n!\,T_{\alpha}^{(n)}(t)$	0
93	$\dfrac{s+\nu\sqrt{s^2-\alpha^2}}{(\sqrt{s^2-\alpha^2})^3(s+\sqrt{s^2-\alpha^2})^{\nu}}$, $\mathscr{R}\nu>-2$	$\dfrac{1}{\alpha^{\nu}}t\,I_{\nu}(\alpha t)$	$\|\mathscr{R}\alpha\|$
94	$\dfrac{s+\nu\sqrt{s^2+\alpha^2}}{(\sqrt{s^2+\alpha^2})^3(s+\sqrt{s^2+\alpha^2})^{\nu}}$, $\mathscr{R}\nu>-2$	$\dfrac{1}{\alpha^{\nu}}t\,Y_{\nu}(\alpha t)$	$\|\mathscr{I}\alpha\|$
95	$\dfrac{[1+(\beta-1)s]^n}{s^{\nu-\alpha}(1+\beta s)^{n+\alpha+1}}$ $\mathscr{R}\nu>-1,\ \mathscr{R}\alpha>-1$	$\dfrac{n!\,t^{\frac{\nu}{2}}}{\Gamma(n+\alpha+1)}\int_0^{\infty}e^{-\beta\tau}Y_{\nu}(2\sqrt{t\tau})L_n^{(\alpha)}(\tau)\tau^{\alpha-\frac{\nu}{2}}d\tau$	$Max\ 0,-\mathscr{R}\dfrac{1}{\beta}$
96	$\dfrac{(s+i\alpha)^{\nu+1}-(s-i\alpha)^{\nu+1}}{(s^2+\alpha^2)^{\nu+1}}$ $\mathscr{R}\nu>-1$	$\dfrac{2it^{\nu}\sin\alpha t}{\Gamma(\nu+1)}$	$\|\mathscr{I}\alpha\|$
97	$\dfrac{(s+\alpha)^{\nu+1}-(s-\alpha)^{\nu+1}}{(s^2-\alpha^2)^{\nu+1}}$ $\mathscr{R}\nu>-1$	$\dfrac{2t^{\nu}\mathfrak{Sin}\,\alpha t}{\Gamma(\nu+1)}$	$\|\mathscr{R}\alpha\|$

2.

98	$\dfrac{(s+i\alpha)^{\nu+1}+(s-i\alpha)^{\nu+1}}{(s^2+\alpha^2)^{\nu+1}}$, $\quad \Re\nu>-1$	$\dfrac{2t^{\nu}\cos\alpha t}{\Gamma(\nu+1)}$	$\lvert\Im\alpha\rvert$
99	$\dfrac{(s+\alpha)^{\nu+1}+(s-\alpha)^{\nu+1}}{(s^2-\alpha^2)^{\nu+1}}$, $\quad \Re\nu>-1$	$\dfrac{2t^{\nu}\mathfrak{Cof}\,\alpha t}{\Gamma(\nu+1)}$	$\lvert\Re\alpha\rvert$
100	$\dfrac{1}{s(s^2+\alpha^2)^{\nu+\frac{1}{2}}}$ $\quad \Re\nu>-1$	$\dfrac{\pi}{2}\alpha^{-2\nu}t\left[J_{\nu}(\alpha t)\mathfrak{H}'_{\nu}(\alpha t)-J'_{\nu}(\alpha t)\mathfrak{H}_{\nu}(\alpha t)\right]$	$\lvert\Im\alpha\rvert$
101	$\dfrac{1}{s(s^2-\alpha^2)^{\nu+\frac{1}{2}}}$, $\quad \Re\nu>-1$	$\dfrac{\pi}{2}\alpha^{-2\nu}t\left[I_{\nu}(\alpha t)\mathfrak{L}'_{\nu}(\alpha t)-I'_{\nu}(\alpha t)\mathfrak{L}_{\nu}(\alpha t)\right]$	$\lvert\Re\alpha\rvert$
102	$\dfrac{s}{(s^2+\alpha^2)^{\nu+\frac{1}{2}}}$, $\quad \Re\nu>-1$	$\dfrac{\sqrt{\pi}\,t^{\nu+1}J_{\nu}(\alpha t)}{\alpha^{\nu}2^{\nu+1}\Gamma(\nu+\frac{3}{2})}$	$\lvert\Im\alpha\rvert$
103	$\dfrac{(\alpha-s)^{\mu}}{(\alpha+s)^{\mu+2\nu+1}}$, $\quad \Re\nu>-\frac{1}{2}$	$\dfrac{t^{\nu-\frac{1}{2}}W_{\mu+\nu+\frac{1}{2},\,\nu}(2\alpha t)}{\Gamma(2\nu+\mu+1)(2\alpha)^{\nu+\frac{1}{2}}}$	$\lvert\Re\alpha\rvert$
104	$\dfrac{(s-\alpha)^{n}}{s^{n+2\nu+1}}$, $\quad \Re\nu>-\frac{1}{2}$	$\dfrac{t^{\nu-\frac{1}{2}}e^{\frac{\alpha t}{2}}}{\alpha^{\nu+\frac{1}{2}}\Gamma(2\nu+1)}M_{n+\nu+\frac{1}{2},\,\nu}(\alpha t)$	0
105	$\dfrac{1}{(s-\alpha)^{\mu}(s-\beta)^{\nu}}$ $\quad \Re\mu>0,\ \Re\nu>0$	$e^{\beta t}\dfrac{t^{\mu+\nu-1}}{\Gamma(\mu+\nu)}\,_1F_1\!\left(\mu;\mu+\nu;(\alpha-\beta)t\right)$	$\mathrm{Max}\ \Re\alpha,\Re\beta$

3. Logarithmische, zyklometrische und Area-Funktionen.

	$f(s)$	$F(t)$	
1	$\log \dfrac{s-\alpha}{s}$	$\dfrac{1-e^{\alpha t}}{t}$	$\mathcal{M}ax\ 0,\Re\alpha$
2	$\operatorname{arc\ tg}\dfrac{\alpha}{s} = \operatorname{arc\ ctg}\dfrac{s}{\alpha}\ ^{*)}$ $= \operatorname{arc\ sin}\dfrac{\alpha}{\sqrt{s^2+\alpha^2}}$ $= \operatorname{arc\ cos}\dfrac{s}{\sqrt{s^2+\alpha^2}}$	$\dfrac{\sin\alpha t}{t}$	$|\Im\alpha|$
3	$\log\sqrt{\dfrac{s+\alpha}{s-\alpha}} = \operatorname{Ar\,\mathfrak{Tg}}\dfrac{s}{\alpha}$	$\dfrac{\operatorname{\mathfrak{Sin}}\alpha t}{t}$	$|\Re\alpha|$
4	$\log\dfrac{s-\alpha}{s-\beta}$	$\dfrac{e^{\beta t}-e^{\alpha t}}{t}$	$\mathcal{M}ax\ \Re\alpha,\Re\beta$
5	$\log\dfrac{s^2-\alpha^2}{s^2}$	$\dfrac{2(1-\mathscr{Coj}(\alpha t))}{t} = \sqrt{\dfrac{2\alpha\pi}{t}}\,\mathscr{L}_{\frac12}(\alpha t)$	$|\Re\alpha|$
6	$\log\dfrac{s^2+\alpha^2}{s^2}$	$\dfrac{1-\cos\alpha t}{t} = \sqrt{\dfrac{2\alpha\pi}{t}}\,\mathfrak{H}_{\frac12}(\alpha t)$	$|\Im\alpha|$
7	$\log\dfrac{(s+\alpha)^2+\gamma^2}{(s+\beta)^2+\gamma^2}$	$2\dfrac{\cos\gamma t}{t}(e^{-\beta t}-e^{-\alpha t})$	$|\Im\alpha| - \mathcal{M}in\ \Re\alpha,\Re\beta$
8	$\log\dfrac{s^2+\alpha^2}{s^2+\beta^2}$	$2\dfrac{\sin\alpha t+\sin\beta t}{t}$	$\mathcal{M}ax\ |\Im\alpha|,|\Im\beta|$
9	$\log\dfrac{s^2+\alpha s+\beta}{s^2-\alpha s+\beta}$	$4\dfrac{\cos t\sqrt{\beta-\frac{\alpha^2}{4}}\,\sin\frac{\alpha t}{2}}{t}$	$\left|\Im\sqrt{\beta-\frac{\alpha^2}{4}}\right|+\left|\Re\frac{\alpha}{2}\right|$
10	$\operatorname{arc\ tg}\,-\dfrac{2\alpha s}{s^2-\alpha^2+\beta^2}$	$2\dfrac{\sin\alpha t\,\cos\beta t}{t}$	$\mathcal{M}ax\ |\Im(\alpha+\beta)|,$ $|\Im(\alpha-\beta)|$

3. Logarithmische, zyklometrische und Area-Funktionen

11	$\operatorname{arc\,ctg}\dfrac{s^2-\alpha s+\beta}{\alpha\beta}$	$\dfrac{e^{\alpha t}-1}{t}\sin\beta t$	$\operatorname{Max}\;|\Im\beta|,\,|\Im\beta|+\Re\alpha$
12	$\log\dfrac{(s^2+\alpha^2)(s^2+\beta^2)}{\left[s^2+\left(\frac{\alpha-\beta}{2}\right)^2\right]^2}$	$8\dfrac{\sin^2\frac{\alpha+\beta}{4}t\,\cos\frac{\alpha-\beta}{2}t}{t}$	$\operatorname{Max}\;|\Im\alpha|,\,|\Im\beta|,\,\left|\Im\frac{\alpha-\beta}{2}\right|$
13	$\operatorname{arc\,ctg}\dfrac{s^2-\alpha^2}{2\beta s}$	$2\dfrac{\sin\beta t\,\operatorname{Cof}\sqrt{\alpha^2-\beta^2}\,t}{t}$	$|\Im\beta|+|\Re\sqrt{\alpha^2-\beta^2}|$
14	$3\operatorname{arc\,tg}\frac{\alpha}{s}-\operatorname{arc\,tg}\frac{3\alpha}{s}$	$4\dfrac{\sin^3\alpha t}{t}$	$3\,|\Im\alpha|$
15	$\log\dfrac{(s^2+\alpha^2)^2}{s^3}-\log\sqrt{s^2+4\alpha^2}$	$8\dfrac{\sin^4\frac{\alpha}{2}t}{t}$	$2\,|\Im\alpha|$
16	$5\operatorname{arc\,tg}\frac{\alpha}{s}-\frac{5}{2}\operatorname{arc\,tg}\frac{3\alpha}{s}+\frac{1}{2}\operatorname{arc\,tg}\frac{5\alpha}{s}$	$8\dfrac{\sin^5\alpha t}{t}$	$5\,|\Im\alpha|$
17	$s\log\dfrac{\sqrt{s^2+\alpha^2}}{s}$	$\dfrac{\cos\alpha t-1}{t^2}+\dfrac{\alpha\sin\alpha t}{t}$	$|\Im\alpha|$
18	$s\log\dfrac{\sqrt{s^2-\alpha^2}}{s}$	$\dfrac{\operatorname{Cof}\alpha t-1}{t^2}-\dfrac{\alpha\operatorname{Sin}\alpha t}{t}$	$|\Re\alpha|$
19	$s\log\left(1+\frac{\alpha}{s}\right)-\alpha$	$\dfrac{\alpha t\,e^{-\alpha t}+e^{-\alpha t}-1}{t^2}$	$-\Re\alpha$
20	$\left(s+\frac{\alpha}{2}\right)\log\left(1+\frac{\alpha}{s}\right)-\alpha$	$\dfrac{\alpha t+2}{2t^2}(e^{-\alpha t}-1)+\dfrac{\alpha}{t}$	$-\Re\alpha$
21	$\frac{1}{\alpha}\sqrt{s^2+\alpha^2}\,\log\dfrac{\alpha+\sqrt{s^2+\alpha^2}}{s}-1$	$\dfrac{\pi}{2}\dfrac{h_1(\alpha t)}{t}$	$|\Im\alpha|$
22	$\dfrac{\log s}{s}$	$\Psi(1)-\log t$	0

3. **Logarithmische, zyklometrische und Area-Funktionen**

23	$\dfrac{1}{s}\operatorname{Ar}\mathfrak{Tg}\dfrac{s}{\alpha}=\dfrac{1}{2s}\log\dfrac{s+\alpha}{s-\alpha}$	$\operatorname{Ti}(\alpha t)$	$\lvert\mathfrak{R}\alpha\rvert$
24	$\dfrac{1}{s}\operatorname{arc}\mathfrak{tg}\dfrac{s}{\alpha}$	$-\operatorname{si}(\alpha t)$	$\lvert\mathfrak{I}\alpha\rvert$
25	$\dfrac{\log(s+\alpha)}{s}$, $\mathfrak{R}\alpha>0$	$\log\alpha-\operatorname{Ei}(-\alpha t)$	0
26	$\dfrac{\log(s-\alpha)}{s}$, $\mathfrak{R}\alpha>0$	$\log\alpha-\operatorname{Ei}(\alpha t)$	$\lvert\mathfrak{R}\alpha\rvert$
27	$-\dfrac{1}{s}\log\sqrt{s^{2}-\alpha^{2}}$	$\operatorname{\mathscr{L}i}(\alpha t)-\log\alpha$	$\lvert\mathfrak{R}\alpha\rvert$
28	$\dfrac{1}{s}\log\sqrt{s^{2}+\alpha^{2}}$	$\log\alpha-\operatorname{ci}(\alpha t)$	$\lvert\mathfrak{I}\alpha\rvert$
29	$\dfrac{1}{s}\log(s+\sqrt{s^{2}-\alpha^{2}})$	$\operatorname{I} i_{0}(\alpha t)+\log\alpha+\dfrac{\pi i}{2}$	$\lvert\mathfrak{R}\alpha\rvert$
30	$\dfrac{1}{s}\log(s+\sqrt{s^{2}+\alpha^{2}})$	$\operatorname{\mathscr{I}i}_{0}(\alpha t)+\log\alpha$	$\lvert\mathfrak{I}\alpha\rvert.$
31	$\dfrac{1}{s}\operatorname{Ar}\mathfrak{Sin}\dfrac{s}{\alpha}$	$\operatorname{\mathscr{I}i}_{0}(\alpha t)$	$\lvert\mathfrak{I}\alpha\rvert$
32	$\dfrac{\log s}{s^{2}}$	$t\left[1+\Gamma'(1)-\log t\right]$	0
33	$-\dfrac{1}{s^{2}}\log\sqrt{s^{2}-\alpha^{2}}$, $\mathfrak{R}\alpha>0$	$t\operatorname{\mathscr{L}i}\alpha t-\dfrac{\operatorname{\mathscr{I}in}\alpha t}{\alpha}-t\log\alpha$	$\lvert\mathfrak{R}\alpha\rvert$
34	$\dfrac{1}{s^{2}}\log\sqrt{s^{2}+\alpha^{2}}$, $\mathfrak{R}\alpha>0$	$t\left[\log\alpha+\dfrac{\sin\alpha t}{\alpha t}-\alpha\operatorname{ci}(\alpha t)\right]$	$\lvert\mathfrak{I}\alpha\rvert$
35	$\dfrac{\log s}{s^{2}+1}$	$\cos t\,\operatorname{si}(t)-\sin t\,\operatorname{ci}(t)$	0

3. Logarithmische, zyklometrische und Area-Funktionen

36	$\dfrac{\log(s^2+\alpha^2)}{s^2-\alpha^2}$	$\dfrac{2}{\alpha}\left[(C-\log t)\sin\alpha t + \cos\alpha t * \dfrac{\sin\alpha t}{t}\right]$	$\lvert\Im\alpha\rvert$
37	$\dfrac{\log(s^2-\alpha^2)}{s^2-\alpha^2}$	$\dfrac{2}{\alpha}\left[(C-\log t)\,\mathrm{Sin}\,\alpha t + \mathrm{Cos}\,\alpha t * \dfrac{\mathrm{Sin}\,\alpha t}{t}\right]$	$\lvert\Im\alpha\rvert$
38	$\dfrac{s\log s}{s^2+1}$	$-\left[\sin t\,\mathrm{si}(t) - \cos t\,\mathrm{ci}(t)\right]$	0
39	$\dfrac{1}{s^2+1}\left[\operatorname{arc\,tg}\dfrac{2}{s} + s\log s\sqrt{s^2+4}\right]$	$-2\cos t\,\mathrm{ci}(t)$	0
40	$\dfrac{1}{s^2+1}\left[s\operatorname{arc\,tg}\dfrac{2}{s} - \log\dfrac{\sqrt{s^2+4}}{s}\right]$	[illegible] $\mathrm{si}(t)$	0
41	$\dfrac{1}{s^2+\alpha^2}\left[s\operatorname{arc\,tg}\dfrac{2\beta s}{\beta^2-\alpha^2-s^2} + \alpha\log\sqrt{\dfrac{(\beta+\alpha)^2+s^2}{(\beta-\alpha)^2+s^2}}\right]$	$-\dfrac{2}{\beta}\cos\alpha t\,\mathrm{si}(\beta t)$ $\beta\neq0$	$\lvert\Im\alpha\rvert$
42	$\dfrac{1}{s^2+\alpha^2}\left[s\operatorname{arc\,tg}\dfrac{2\alpha s}{s^2+\beta^2-\alpha^2} - \alpha\log\dfrac{\sqrt{(s^2+\beta^2-\alpha^2)^2+4\alpha^2 s^2}}{\beta^2}\right]$	$\dfrac{2}{\beta}\sin\alpha t\,\mathrm{ci}(\beta t)$ $\beta\neq0$	$\lvert\Im\alpha\rvert$
43	$\dfrac{1}{s^2+1}\left[s\operatorname{arc\,tg}\dfrac{2}{s} - \log s\sqrt{s^2+4}\right]$	$2\sin t\,\mathrm{ci}(t)$	0
44	$\dfrac{1}{s^2+1}\left[s\operatorname{arc\,tg}\dfrac{2}{s} - \log\sqrt{s^2+4}\right]$	$\sin t\,\mathrm{ci}(t) + \cos t\,\mathrm{si}(t)$	0
45	$\dfrac{1}{s^2+1}\left[\operatorname{arc\,tg}\dfrac{2}{s} + s\log\sqrt{s^2+4}\right]$	$\sin t\,\mathrm{si}(t) - \cos t\,\mathrm{ci}(t)$	0
46	$\dfrac{1}{s^2+\alpha^2}\left[s\operatorname{arc\,tg}\dfrac{\alpha}{s} - \alpha\log\sqrt{s^2+\alpha^2}\right]$	$(\log t - C)\sin\alpha t$	$\lvert\Im\alpha\rvert$

47	$\dfrac{1}{s^2-\alpha^2}\left[s\,\operatorname{Ar\,Tg}\dfrac{\alpha}{s}-\alpha\log\sqrt{s^2-\alpha^2}\right]$	$(\log t-C)\operatorname{Sin}\alpha t$	$\lvert R\alpha\rvert$
48	$\dfrac{1}{s^2-\alpha^2}\left[s\log\sqrt{s^2-\alpha^2}-\alpha\,\operatorname{Ar\,Tg}\dfrac{\alpha}{s}\right]$	$(C-\log t)\operatorname{Cof}\alpha t$	$\lvert R\alpha\rvert$
49	$\dfrac{s\log(s^2-\alpha^2)}{s^2-\alpha^2}$	$2\left[(C-\log t)\operatorname{Cof}\alpha t+\operatorname{Sin}\alpha t*\dfrac{\operatorname{Sin}\alpha t}{t}\right]$	$\lvert R\alpha\rvert$
50	$\dfrac{1}{s^2+\alpha^2}\left[s\log\sqrt{s^2+\alpha^2}+\alpha\,\operatorname{arc\,tg}\dfrac{\alpha}{s}\right]$	$(C-\log t)\cos\alpha t$	$\lvert J\alpha\rvert$
51	$\dfrac{1}{s^2+1}\left[\operatorname{arc\,tg}\dfrac{1}{s-1}+s\log\sqrt{s^2-2s+2}\right]$	$-\cos t\,\operatorname{Ei}(t)$	1
52	$\dfrac{1}{s^2+1}\left[s\,\operatorname{arc\,tg}\dfrac{1}{s-1}-\log\sqrt{s^2-2s+2}\right]$	$\sin t\,\operatorname{Ei}(t)$	1
53	$1-\dfrac{1}{\alpha}\sqrt{s^2-\alpha^2}\,\operatorname{arc\,sin}\dfrac{\alpha}{s}$	$\dfrac{\pi}{2}\dfrac{\mathcal{L}_1(\alpha t)}{t}$	$\lvert J\alpha\rvert$
54	$\dfrac{\log s}{\sqrt{s}}$	$-\dfrac{\log t+C+\log 4}{\sqrt{\pi t}}\qquad C=-\Gamma'(1)$	0
55	$\dfrac{1}{\sqrt{s}}\log\left(\sqrt{s}+\sqrt{1+s}\right)$	$-\dfrac{\operatorname{Ei}(-t)}{2\sqrt{\pi t}}$	0
56	$\dfrac{1}{\sqrt{s}}\log\left(\sqrt{s}+\sqrt{\alpha+s}\right)$	$\dfrac{1}{2\sqrt{\pi t}}\left[\log\alpha-\operatorname{Ei}(-\alpha t)\right]$	0
57	$\dfrac{\log\left(\sqrt{s+\alpha}+\sqrt{s-\alpha}\right)}{\sqrt{s-\alpha}}$	$\dfrac{e^{\alpha t}}{2\sqrt{\pi t}}\left[\log 2\alpha-\operatorname{Ei}(-2\alpha t)\right]$	$\lvert R\alpha\rvert$

3. Logarithmische, zyklometrische und Area-Funktionen

58	$\dfrac{\log(s+\sqrt{s^2-i})}{\sqrt{s^2-i}}$	$\ker t + i\,\mathrm{kei}\,t + \frac{\pi}{4}(\mathrm{ber}\,t + i\,\mathrm{bei}\,t)$	$\dfrac{1}{\sqrt{2}}$
59	$\dfrac{\log(s+\sqrt{s^2-i\alpha^2})}{\sqrt{s^2-i\alpha^2}}$	$\ker\alpha t + i\,\mathrm{kei}\,\alpha t + \frac{\pi}{4}(\mathrm{ber}\,\alpha t + i\,\mathrm{bei}\,\alpha t)$ $+\log\alpha\cdot I_0(\alpha\sqrt{i}\,t)$	$\dfrac{|\Re\alpha|+|\Im\alpha|}{\sqrt{2}}$
60	$\dfrac{1}{\sqrt{s^2+\alpha^2}}\log\dfrac{s+\sqrt{s^2+\alpha^2}}{\alpha}$	$-\frac{\pi}{2}N_0(\alpha t)$	$|\Im\alpha|$
61	$\dfrac{\log(s+\sqrt{s^2+\alpha^2})}{\sqrt{s^2+\alpha^2}}$	$\log\alpha\cdot J_0(\alpha t)-\frac{\pi}{2}N(\alpha t)$	$|\Im\alpha|$
62	$\dfrac{\log(s+\sqrt{s^2-\alpha^2})}{\sqrt{s^2-\alpha^2}}$	$\log\alpha\, I_0(\alpha t)+K_0(\alpha t)$	$|\Re\alpha|$
63	$\dfrac{1}{\sqrt{s^2-\alpha^2}}\arcsin\dfrac{\alpha}{s}$	$\frac{\pi}{2}L_0(\alpha t)$	$|\Re\alpha|$
64	$\dfrac{1}{\sqrt{s^2+\alpha^2}}\operatorname{Ar\,Sin}\dfrac{\alpha}{s}$	$\frac{\pi}{2}H_0(\alpha t)$	$|\Im\alpha|$
65	$\dfrac{1}{\sqrt{s^2+\alpha^2}}\left(1+\dfrac{2i}{\pi}\log\dfrac{s+\sqrt{s^2+\alpha^2}}{\alpha}\right)$	$H_0^{(2)}(\alpha t)$	$|\Im\alpha|$
66	$\dfrac{1}{\sqrt{s^2+\alpha^2}}\left(1-\dfrac{2i}{\pi}\log\dfrac{s+\sqrt{s^2+\alpha^2}}{\alpha}\right)$	$H_0^{(1)}(\alpha t)$	$|\Im\alpha|$
67	$\begin{cases}\dfrac{\arccos\frac{s}{\alpha}}{\sqrt{\alpha^2-s^2}} & \text{für } \Re s < \Re\alpha \\[2ex] \dfrac{1}{\sqrt{s^2-\alpha^2}}\log\!\left(\dfrac{s}{\alpha}+\sqrt{\dfrac{s^2}{\alpha^2}-1}\right), \\ \qquad\qquad \text{für } \Re s > \Re\alpha \end{cases}$	$K_0(\alpha t)$	$-\Re\alpha$
68	$\dfrac{s}{\sqrt{s^2+\alpha^2}}\log\dfrac{\alpha+\sqrt{s^2+\alpha^2}}{s}$	$\alpha\left[1-\frac{\pi}{2}H_1(\alpha t)\right]$	$|\Im\alpha|$

3. Logarithmische, zyklometrische und Area-Funktionen

69	$\dfrac{s}{\sqrt{s^2+\alpha^2}}\,\arcsin\dfrac{\alpha}{s}$	$\alpha\left[1+\dfrac{\pi}{2}\mathcal{L}_1(\alpha t)\right]$	$\lvert\Re\alpha\rvert$
70	$\dfrac{\log(s+\sqrt{s^2+\alpha^2})}{(\sqrt{s^2+\alpha^2})^3}$	$\log\alpha\cdot\displaystyle\int_0^t \tau\, Y_0(\alpha\tau)\,d\tau - \dfrac{\cos\alpha t}{\alpha^2} - \dfrac{\pi t}{2\alpha}N_1(\alpha t)$	$\lvert\Im\alpha\rvert$
71	$\dfrac{s\log(s+\sqrt{s^2+\alpha^2})}{(\sqrt{s^2+\alpha^2})^3}$	$t\left[\dfrac{\sin\alpha t}{\alpha t}+\log\alpha\cdot Y_0(\alpha t)-\dfrac{\pi}{2}N_0(\alpha t)\right]$	$\lvert\Im\alpha\rvert$
72	$\dfrac{s\log(s+\sqrt{s^2-\alpha^2})}{(\sqrt{s^2-\alpha^2})^3}$	$t\left[K_0(\alpha t)+\log\alpha\cdot I_0(\alpha t)+\dfrac{\operatorname{Sin}\alpha t}{\alpha t}\right]$	$\lvert\Re\alpha\rvert$
73	$\dfrac{\log s}{s^\alpha}\ ,\quad \Re\alpha>0$	$\dfrac{t^{\alpha-1}}{\Gamma(\alpha)}\left(\Psi(\alpha)-\log t\right)$	0
74	$\operatorname{arc\,tg}\dfrac{\alpha}{s}\cdot\log\sqrt{s^2+\alpha^2}$	$-\dfrac{\sin\alpha t}{t}(\log t+C)$	$\lvert\Im\alpha\rvert$
75	$\dfrac{\log^2 s}{s}$	$(\Gamma'(1)-\log t)^2-\Psi'(1)$	0
76	$\dfrac{1}{s}\log^2(s+\sqrt{s^2+1})$	$Ni_0(t)=\displaystyle\int_t^\infty\dfrac{N_0(\tau)}{\tau}\,d\tau$	0
77	$\dfrac{1}{s}\operatorname{Ar\,Cof}^2 s=\dfrac{1}{s}\log^2(s+\sqrt{s^2-1})$	$2Ki_0(t)-\dfrac{\pi^2}{4}$	0
78	$\dfrac{1}{s}\log^2(s+\sqrt{s^2-\alpha^2})$	$\log^2\alpha+i\pi\log\alpha-\dfrac{\pi^2}{4}+2Ki_0(\alpha t)+2\log\alpha\cdot Ii_0(\alpha t)$	$\lvert\Re\alpha\rvert$
79	$\dfrac{1}{s}\log^2(s+\sqrt{s^2+\alpha^2})$	$\log^2\alpha-\pi Ni_0(\alpha t)+2\log\alpha\cdot Ji_0(\alpha t)$	$\lvert\Im\alpha\rvert$

80	$\dfrac{\log^2 s}{s^{3/2}}$	$t\left[(1+\Gamma'(1)-\log t)^2 + 1 - \Psi'(1)\right]$	0
81	$\dfrac{-\log^3 s}{s}$	$(\Gamma'(1) - \log t)^3 - 3\Psi'(1)(\Gamma'(1) - \log t) + \Psi''(1)$	0
82	$\dfrac{\log^3 s}{s^{3/2}}$	$t\left[(1+\Gamma'(1)-\log t)^3 + 3(1-\Psi'(1))(\Gamma'(1)-\log t) + 5 - 3\Psi'(1) + \Psi''(1)\right]$	0
83	$\dfrac{1}{\log s}$	$\displaystyle\int_0^\infty \frac{t^{\tau-1}}{\Gamma(\tau)}\,d\tau$	0
84	$\dfrac{1}{s^a \log s}$	$\displaystyle\int_a^\infty \frac{t^{\tau-1}}{\Gamma(\tau)}\,d\tau$	0
85	$\dfrac{s^a - 1}{(s^a+1)\log s}$	$\displaystyle\sum_{k=1}^\infty\left\{\int_{(2k-2)a}^{(2k-1)a} \frac{t^{\tau-1}}{\Gamma(\tau)}\,d\tau - \int_{(2k-1)a}^{2ka} \frac{t^{\tau-1}}{\Gamma(\tau)}\,d\tau\right\}$	0
86	$\dfrac{s^a}{\log s}\,\dfrac{s^{2a}-1}{s^{4a}+1}$	$\displaystyle\sum_{k=1}^\infty\left\{\int_{(8k-7)a}^{(8k-5)a} \frac{t^{\tau-1}}{\Gamma(\tau)}\,d\tau - \int_{(8k-3)a}^{(8k-1)a} \frac{t^{\tau-1}}{\Gamma(\tau)}\,d\tau\right\}$	0
87	$\dfrac{s^a + 1}{(s^a - 1)\log s}$	$\displaystyle\sum_{k=1}^\infty (2k-1)\int_{(k-1)a}^{ka} \frac{t^{\tau-1}}{\Gamma(\tau)}\,d\tau$	0
88	$\dfrac{s^a}{(s^{2a}+1)\log s}$	$\displaystyle\sum_{k=1}^\infty \int_{(4k-3)a}^{(4k-1)a} \frac{t^{\tau-1}}{\Gamma(\tau)}\,d\tau$	0
89	$\dfrac{s^a}{(s^{2a}-1)\log s}$	$\displaystyle\sum_{k=1}^\infty k\int_{(2k-1)a}^{(2k+1)a} \frac{t^{\tau-1}}{\Gamma(\tau)}\,d\tau$	0
90	$-\alpha\,\operatorname{arctg}\dfrac{\alpha}{s} + \dfrac{s}{2}\log\!\left(1+\dfrac{\alpha^2}{s^2}\right)$	$\dfrac{\cos\alpha t - 1}{t^2}$	$\lvert\Im\alpha\rvert$

4. Exponentialfunktionen

Nr.	$f(s)$	$F(t)$	K.A.
1	$e^{-\alpha\sqrt{s}}, \quad \mathfrak{R}\alpha > 0$	$\psi(\alpha, t)$	0
2	$e^{-b\sqrt{s^2-\alpha^2}} - e^{-bs}$	$\begin{cases} 0 & \text{für } t < b \\ \dfrac{b\alpha}{\sqrt{t^2-b^2}} I_1(\alpha\sqrt{t^2-b^2}) & \text{für } t > b \end{cases}$	$\|\mathfrak{R}\alpha\|$
3	$e^{-bs} - e^{-b\sqrt{s^2+\alpha^2}}$	$\begin{cases} 0 & \text{für } t < b \\ \dfrac{b\alpha}{\sqrt{t^2-b^2}} J_1(\alpha\sqrt{t^2-b^2}) & \text{für } t > b \end{cases}$	$\|\mathfrak{J}\alpha\|$
4	$1 - e^{b(s-\sqrt{s^2-\alpha^2})}$	$-\dfrac{b\alpha\, I_1(\alpha\sqrt{t^2+2bt})}{\sqrt{t^2+2bt}}$	$\|\mathfrak{R}\alpha\|$
5	$1 - e^{b(s-\sqrt{s^2+\alpha^2})}$	$\dfrac{b\alpha\, J_1(\alpha\sqrt{t^2+2bt})}{\sqrt{t^2+2bt}}$	$\|\mathfrak{J}\alpha\|$
6	$\dfrac{e^{-\alpha\sqrt{s}}}{s}$	$\operatorname{erfc}\dfrac{\alpha}{2\sqrt{t}}$	0
7	$\dfrac{e^{-bs}}{s}$	$\begin{cases} 0 & \text{für } t < b \\ 1 & \text{für } t > b \end{cases}$	0
8	$\dfrac{e^{\frac{1}{s}}}{s}$	$I_0(2\sqrt{t})$	0
9	$\dfrac{e^{-\frac{\alpha}{s}}}{s}$	$J_0(2\sqrt{\alpha t})$	0
10	$\dfrac{1}{s} e^{\frac{1}{s^n}}$	${}_0\mathfrak{F}_n\left(\dfrac{1}{n}, \dfrac{2}{n}, \ldots, \dfrac{n-1}{n}, 1; \dfrac{t^n}{n^n}\right)$	0

4. Exponentialfunktionen

11	$\frac{1}{s}(1-e^{-as})^2$	$\begin{cases} 1 & \text{für } 0<t<a \\ -1 & \text{für } a<t<2a \\ 0 & \text{für } t>2a \end{cases}$	$-\infty$
12	$\dfrac{1-e^{-2n\pi s}}{s-i}$	$\begin{cases} e^{it} & \text{für } 0<t<2n\pi \\ 0 & \text{für } t>2n\pi \end{cases}$	$-\infty$
13	$\dfrac{e^{-\alpha\sqrt{s}}}{s^2}\quad \Re x\geq 0$	$\left(t+\frac{\alpha^2}{2}\right)\operatorname{erfc}\frac{\alpha}{2\sqrt{t}}-\alpha t\,\chi(\alpha,t)=1*1*\psi(\alpha,t)$	0
14	$\frac{1}{s^2}(1-e^{-as})$	$\begin{cases} t & \text{für } t<a \\ a & \text{für } t>a \end{cases}$	0
15	$\dfrac{(1-e^{-as})^2}{s^2}$	$\begin{cases} t & \text{für } 0<t<a \\ 2a-t & \text{für } a<t<2a \\ 0 & \text{für } t>2a \end{cases}$	$-\infty$
16	$\dfrac{e^{-b\sqrt{s^2+\alpha^2}}}{s^2+\alpha^2}$	$\begin{cases} 0 & \text{für } t\leq b \\ \displaystyle\int_b^t J_0[\alpha(t-\tau)]\,J_0(\alpha\sqrt{\tau^2-b^2})\,d\tau & \text{für } t>b \end{cases}$	$|\Im\alpha|$
17	$\dfrac{e^{-b\sqrt{s^2-\alpha^2}}}{s^2-\alpha^2}$	$\begin{cases} 0 & \text{für } t\leq b \\ \displaystyle\int_b^t I_0[\alpha(t-\tau)]\,I_0(\alpha\sqrt{\tau^2-b^2})\,d\tau & \text{für } t>b \end{cases}$	$|\Re\alpha|$
18	$\frac{1}{s}\,\psi(\alpha,s)\quad \Re\alpha>0$	$\frac{2}{\alpha\pi}\left(\frac{\sin\alpha\sqrt{t}}{\alpha}-\sqrt{t}\cos\alpha\sqrt{t}\right)$	0
19	$\dfrac{s\,e^{-b\sqrt{s^2+\alpha^2}}}{s^2+\alpha^2}\ ,\ b\geq 0$	$\begin{cases} 0 & \text{für } t<b \\ \frac{\pi}{2}\alpha N_0(\alpha\sqrt{t^2-b^2})*\left[\alpha b J_0(\alpha t)+\sin\alpha t\right] \\ \quad -\frac{\pi}{2}\alpha\sqrt{t^2-b^2}\,N_0(\alpha\sqrt{t^2-b^2}) & \text{für } t>b \end{cases}$	$|\Im\alpha|$
20	$\frac{1}{s^2+b^2}(1-e^{-\frac{2n\pi s}{b}})(b\cos\alpha+s\sin\alpha)$	$\begin{cases} \sin(bt+\alpha) & \text{für } t<\frac{2n\pi}{b} \\ 0 & \text{für } t>\frac{2n\pi}{b} \end{cases}$	$-\infty$

4. Exponentialfunktionen

21	$\dfrac{b}{s^2+b^2}\left(1-e^{-\frac{2n\pi s}{b}}\right)$	$\begin{cases} \sin bt & \text{für } t<\frac{2\pi n}{b} \\ 0 & \text{für } t>\frac{2\pi n}{b} \end{cases}$	$-\infty$
22	$\dfrac{s}{s^2+b^2}\left(1-e^{-\frac{2n\pi s}{b}}\right)$	$\begin{cases} \cos bt & \text{für } t<\frac{2\pi n}{b} \\ 0 & \text{für } t>\frac{2\pi n}{b} \end{cases}$	$-\infty$
23	$\dfrac{1}{s^2+b^2}\left(1-e^{-\frac{2n\pi s}{b}}\right)(s\cos\alpha-b\sin\alpha)$	$\begin{cases} \cos(bt+\alpha) & \text{für } t<\frac{2n\pi}{b} \\ 0 & \text{für } t>\frac{2n\pi}{b} \end{cases}$	$-\infty$
24	$\dfrac{s\,e^{-as}}{s^2+1}\left(1-e^{-2n\pi s}\right)$	$\begin{cases} \cos(t-a) & \text{für } a<t<a+2n\pi \\ 0 & \text{sonst} \end{cases}$	$-\infty$
25	$\dfrac{1}{s^2+1}\left(1+e^{-\pi s}\right)$	$\begin{cases} \sin t & \text{für } t<\pi \\ 0 & \text{für } t>\pi \end{cases}$	$-\infty$
26	$\dfrac{s}{s^2+1}\left(1+e^{-\pi s}\right)$	$\begin{cases} \cos t & \text{für } t<\pi \\ 0 & \text{für } t>\pi \end{cases}$	$-\infty$
27	$\dfrac{1}{s^2+1}\,e^{-\alpha\frac{s}{s^2+1}}$	$\displaystyle\int_0^t J_0\!\left(2\sqrt{(t-\tau)\tau}\right)J_0\!\left(2\sqrt{\alpha\tau}\right)d\tau$	0
28	$\dfrac{1}{s^2+\beta^2}\left[e^{-\beta s}(\beta\cos\beta a+s\sin\beta a)-e^{-bs}(\beta\cos\beta b+s\sin\beta b)\right]$	$\begin{cases} \sin\beta t & \text{für } a<t<b \\ 0 & \text{sonst} \end{cases}$	$-\infty$
29	$\dfrac{1}{s^2+\beta^2}\left[e^{-as}(s\cos\beta a-\beta\sin\beta a)-e^{-bs}(s\cos\beta b-\beta\sin\beta b)\right]$	$\begin{cases} \cos\beta t & \text{für } a<t<b \\ 0 & \text{sonst} \end{cases}$	$-\infty$
30	$\dfrac{1}{s^2-\beta^2}\left[e^{-as}(\beta\operatorname{\mathfrak{Cof}}\beta a+s\operatorname{\mathfrak{Sin}}\beta a)-e^{-bs}(\beta\operatorname{\mathfrak{Cof}}\beta b+s\operatorname{\mathfrak{Sin}}\beta b)\right]$	$\begin{cases} \operatorname{\mathfrak{Sin}}\beta t & \text{für } a<t<b \\ 0 & \text{sonst} \end{cases}$	$-\infty$
31	$\dfrac{1}{s^2-\beta^2}\left[e^{-as}(s\operatorname{\mathfrak{Cof}}\beta a+\beta\operatorname{\mathfrak{Sin}}\beta a)-e^{-bs}(s\operatorname{\mathfrak{Cof}}\beta b+\beta\operatorname{\mathfrak{Sin}}\beta b)\right]$	$\begin{cases} \operatorname{\mathfrak{Cof}}\beta t & \text{für } a<t<b \\ 0 & \text{sonst} \end{cases}$	$-\infty$

32	$\sqrt{s}\,e^{-\alpha\sqrt{s}}\;,\quad \Re\alpha>0$	$\dfrac{1}{2t}\,\chi(\alpha,t)\left[\dfrac{\alpha^2}{2t}-1\right]$	0
33	$s^{\frac{3}{2}}e^{-\alpha\sqrt{s}}\;,\quad \Re\alpha>0$	$\dfrac{1}{4t^2}\,\chi(\alpha,t)\left[\dfrac{\alpha^4}{4t^2}-\dfrac{3\alpha^2}{2t}+3\right]$	0
34	$s^{\frac{n-1}{2}}e^{-\alpha\sqrt{s}}\;,\quad \Re\alpha>0$	$-\dfrac{e^{-\frac{\alpha^2}{4t}}He_n\!\left(\frac{\alpha}{\sqrt{t}}\right)}{2^{\frac{3}{2}}\sqrt{\pi}\,t^{\frac{n+1}{2}}}$	0
35	$\dfrac{e^{-\alpha\sqrt{s}}}{\sqrt{s}}\;,\quad \Re\alpha\gtreqless 0$	$\chi(\alpha,t)$	0
36	$\dfrac{1}{\sqrt{s}}\,e^{-\frac{\alpha}{\sqrt{s}}}\;,\quad \Re\alpha>0$	$\displaystyle\int_0^\infty \psi(\tau,t)\,J_0(2\sqrt{\alpha\tau})\,d\tau$	0
37	$\dfrac{e^{\frac{1}{s}}}{\sqrt{s}}$	$\dfrac{\cos 2\sqrt{t}}{\sqrt{\pi t}}$	0
38	$\chi(\alpha,s)$	$\dfrac{\cos\alpha\sqrt{t}}{\pi\sqrt{t}}$	0
39	$\dfrac{e^{-\alpha\sqrt{s}}}{\beta+\sqrt{s}}$	$\chi(\alpha,t)-3e^{\alpha\beta+\beta^2 t}\,\mathrm{erfc}\!\left(\dfrac{\alpha}{2\sqrt{t}}+\beta\sqrt{t}\right)$	$0\quad \text{für }\Re\beta\gtreqless 0$ $\Re\beta^2\quad \text{für }\Re\beta<0$
40	$\dfrac{e^{-\alpha\sqrt{s}}}{(\beta+\sqrt{s})^2}$	$(2\beta t^2+\alpha\beta+1)e^{\alpha\beta+\beta^2 t}\,\mathrm{erfc}\!\left(\dfrac{\alpha}{2\sqrt{t}}+\beta\sqrt{t}\right)-2\beta t\,\chi(\alpha,t)$	$0\quad \text{für }\Re\beta\gtreqless 0$ $\Re\beta^2\quad \text{für }\Re\beta<0$
41	$\dfrac{e^{b\left[s-\sqrt{(s+\alpha)(s+\beta)}\right]}}{\sqrt{(s+\alpha)(s+\beta)}}$	$e^{-\frac{\alpha+\beta}{2}(t+b)}\,I_0\!\left(\dfrac{\alpha-\beta}{2}\sqrt{t^2+2bt}\right)$	$\mathrm{Max}\;-\Re\alpha,\,-\Re\beta$
42	$\dfrac{e^{-b\sqrt{(s+\alpha)(s+\beta)}}}{\sqrt{(s+\alpha)(s+\beta)}}$	$\begin{cases} e^{-\frac{\alpha+\beta}{2}t}\,I_0\!\left(\dfrac{\alpha-\beta}{2}\sqrt{t^2-b^2}\right) & \text{für }t>b \\ 0 & \text{für }t<b \end{cases}$	$\mathrm{Max}\;-\Re\alpha,\,-\Re\beta$

43	$\dfrac{e^{-b\sqrt{s^2+\alpha^2}}}{\sqrt{s^2+\alpha^2}}$	$\begin{cases} 0 & \text{für } t < b \\ J_0(\alpha\sqrt{t^2-b^2}) & \text{für } t > b \end{cases}$	$\lvert \Im\alpha \rvert$
44	$\dfrac{e^{-b\sqrt{s^2-\alpha^2}}}{\sqrt{s^2-\alpha^2}}$	$\begin{cases} 0 & \text{für } t < b \\ I_0(\alpha\sqrt{t^2-b^2}) & \text{für } t < b \end{cases}$	$\lvert \Re\alpha \rvert$
45	$\dfrac{e^{b(s-\sqrt{s^2-\alpha^2})}}{\sqrt{s^2-\alpha^2}}$	$I_0(\alpha\sqrt{t^2+2bt})$	$\lvert \Re\alpha \rvert$
46	$\dfrac{e^{b(s-\sqrt{s^2+\alpha^2})}}{\sqrt{s^2+\alpha^2}}$	$J_0(\alpha\sqrt{t^2+2bt})$	$\lvert \Im\alpha \rvert$
47	$e^{-bs} - \dfrac{s\,e^{-b\sqrt{s^2+\alpha^2}}}{\sqrt{s^2+\alpha^2}}$	$\begin{cases} 0 & \text{für } t < b \\ \dfrac{\alpha t}{\sqrt{t^2-b^2}}\,J_1(\alpha\sqrt{t^2-b^2}) & \text{für } t > b \end{cases}$	$\lvert \Im\alpha \rvert$
48	$1 - \dfrac{s\,e^{b(s-\sqrt{s^2+\alpha^2})}}{\sqrt{s^2+\alpha^2}}$	$\dfrac{\alpha(t+b)}{\sqrt{t^2+2bt}}\,J_1(\alpha\sqrt{t^2+2bt})$	$\lvert \Im\alpha \rvert$
49	$1 - \dfrac{s\,e^{b(s-\sqrt{s^2-\alpha^2})}}{\sqrt{s^2-\alpha^2}}$	$\dfrac{-\alpha(t+b)}{\sqrt{t^2+2bt}}\,I_1(\alpha\sqrt{t^2+2bt})$	$\lvert \Re\alpha \rvert$
50	$\dfrac{s\,e^{-b\sqrt{s^2-\alpha^2}}}{\sqrt{s^2-\alpha^2}} - e^{-bs}$	$\begin{cases} 0 & \text{für } t < b \\ \dfrac{\alpha t}{\sqrt{t^2-b^2}}\,I_1(\alpha\sqrt{t^2-b^2}) & \text{für } t > b \end{cases}$	$\lvert \Re\alpha \rvert$
51	$\dfrac{e^{-\alpha\sqrt{s+y^2}}}{s}$	$\dfrac{1}{2}\left[e^{-\alpha y}\,\operatorname{erfc}\left(\dfrac{\alpha}{2\sqrt{t}}-y\sqrt{t}\right)+e^{\alpha y}\,\operatorname{erfc}\left(\dfrac{\alpha}{2\sqrt{t}}+y\sqrt{t}\right)\right]$	0
52	$\dfrac{e^{-b\sqrt{s^2-\alpha^2}}\sqrt{\sqrt{s^2-\alpha^2}-s}}{\sqrt{s^2-\alpha^2}}$	$\begin{cases} 0 & \text{für } t < b \\ \sqrt{\dfrac{2}{\pi}}\,\dfrac{\mathfrak{Sin}\,\alpha\sqrt{t^2-b^2}}{\sqrt{t+b}} & \text{für } t > b \end{cases}$	$\lvert \Re\alpha \rvert$
53	$\dfrac{e^{-b\sqrt{s^2+\alpha^2}}\sqrt{\sqrt{s^2+\alpha^2}-s}}{\sqrt{s^2+\alpha^2}}$	$\begin{cases} 0 & \text{für } t < b \\ \sqrt{\dfrac{2}{\pi}}\,\dfrac{\sin\,\alpha\sqrt{t^2-b^2}}{\sqrt{t+b}} & \text{für } t > b \end{cases}$	$\lvert \Im\alpha \rvert$

4.

54	$\dfrac{e^{-b\sqrt{s^2-\alpha^2}}\sqrt{\sqrt{s^2-\alpha^2}+s}}{\sqrt{s^2-\alpha^2}}$	$\begin{cases} 0 & \text{für } t<b \\[4pt] \sqrt{\dfrac{2}{\pi}}\,\dfrac{\operatorname{\mathfrak{Cof}}\alpha\sqrt{t^2-b^2}}{\sqrt{t+b}} & \text{für } t>b \end{cases}$	$|\Re\alpha|$
55	$\dfrac{e^{-b\sqrt{s^2+\alpha^2}}\sqrt{\sqrt{s^2+\alpha^2}+s}}{\sqrt{s^2+\alpha^2}}$	$\begin{cases} 0 & \text{für } t<b \\[4pt] \sqrt{\dfrac{2}{\pi}}\,\dfrac{\cos\alpha\sqrt{t^2-b^2}}{\sqrt{t+b}} & \text{für } t>b \end{cases}$	$|\Im\alpha|$
56	$\dfrac{e^{b(s-\sqrt{s^2-\alpha^2})}\sqrt{\sqrt{s^2-\alpha^2}+s}}{\sqrt{s^2-\alpha^2}}$	$\sqrt{\dfrac{2}{\pi}}\,\dfrac{\operatorname{\mathfrak{Cof}}\alpha\sqrt{t^2+2bt}}{\sqrt{t+2b}}$	$|\Re\alpha|$
57	$\dfrac{e^{b(s-\sqrt{s^2-\alpha^2})}\sqrt{\sqrt{s^2-\alpha^2}-s}}{\sqrt{s^2-\alpha^2}}$	$\sqrt{\dfrac{2}{\pi}}\,\dfrac{\operatorname{\mathfrak{Sin}}\alpha\sqrt{t^2+2bt}}{\sqrt{t+2b}}$	$|\Re\alpha|$
58	$\dfrac{e^{b(s-\sqrt{s^2+\alpha^2})}\sqrt{\sqrt{s^2+\alpha^2}+s}}{\sqrt{s^2+\alpha^2}}$	$\sqrt{\dfrac{2}{\pi}}\,\dfrac{\cos\alpha\sqrt{t^2+2bt}}{\sqrt{t+2b}}$	$|\Im\alpha|$
59	$\dfrac{e^{b(s-\sqrt{s^2+\alpha^2})}\sqrt{\sqrt{s^2+\alpha^2}-s}}{\sqrt{s^2+\alpha^2}}$	$\sqrt{\dfrac{2}{\pi}}\,\dfrac{\sin\alpha\sqrt{t^2+2bt}}{\sqrt{t+2b}}$	$|\Im\alpha|$
60	$\dfrac{e^{-b\sqrt{s^2-\alpha^2}}(s-\sqrt{s^2-\alpha^2})^\nu}{\sqrt{s^2-\alpha^2}}$ $\Re\nu>-1$	$\begin{cases} 0 & \text{für } t<b \\[4pt] \alpha^\nu\left(\dfrac{t-b}{t+b}\right)^{\frac{\nu}{2}}I_\nu(\alpha\sqrt{t^2-b^2}) & \text{für } t>b \end{cases}$	$|\Re\alpha|$
61	$\dfrac{e^{b(s-\sqrt{s^2-\alpha^2})}(s-\sqrt{s^2-\alpha^2})^\nu}{\sqrt{s^2-\alpha^2}}$ $\Re\nu>-1$	$\alpha^\nu\left(\dfrac{t}{t+2b}\right)^{\frac{\nu}{2}}I_\nu(\alpha\sqrt{t^2+2bt})$	$|\Re\alpha|$
62	$\dfrac{e^{-b\sqrt{s^2-\alpha^2}}}{\sqrt{s^2-\alpha^2}}\left[(s+\sqrt{s^2-\alpha^2})^\nu-(s-\sqrt{s^2-\alpha^2})^\nu\right]$ $-1<\Re\nu<1$	$\begin{cases} 0 & \text{für } t<b \\[4pt] \dfrac{2}{\pi}\alpha^\nu\sin\nu\pi\cdot\left(\dfrac{t-b}{t+b}\right)^{\frac{\nu}{2}}K_\nu(\alpha\sqrt{t^2-b^2}) & \\[2pt] & \text{für } t>b \end{cases}$	$|\Re\alpha|$
63	$\dfrac{e^{\frac{1}{s}}}{s\sqrt{s}}$	$\dfrac{\operatorname{\mathfrak{Sin}}2\sqrt{t}}{\sqrt{\pi}}$	0

4.   **Exponentialfunktionen**

64	$\dfrac{e^{-\alpha\sqrt{s}}}{s\sqrt{s}}$, $\Re a \geqq 0$	$1 * \chi(\alpha,t) = 2t\,\chi(\alpha,t) - \alpha\,\mathrm{erfc}\,\dfrac{\alpha}{2\sqrt{t}}$	0
65	$\psi(\alpha,s)$, $\Re a \geqq 0$	$\dfrac{1}{\pi}\sin\alpha\sqrt{t}$	0
66	$\dfrac{e^{-\alpha\sqrt{s}}}{s(\beta+\sqrt{s})}$	$\dfrac{1}{\beta}\,\mathrm{erfc}\,\dfrac{\alpha}{2\sqrt{t}} - \dfrac{e^{\alpha\beta+\beta^2 t}}{\beta}\,\mathrm{erfc}\left(\dfrac{\alpha}{2\sqrt{t}}+\beta\sqrt{t}\right)$	0 für $\Re\beta\geqq 0$ $\Re\beta^2$ für $\Re\beta<0$
67	$\dfrac{e^{-\alpha\sqrt{s}}}{\sqrt{s}\,(\beta+\sqrt{s})^2}$	$2t\,\chi(\alpha,t) - (2\beta t+\alpha)\,e^{\alpha\beta+\beta^2 t}\,\mathrm{erfc}\left(\dfrac{\alpha}{2\sqrt{t}}+\beta\sqrt{t}\right)$	0 für $\Re\beta\geqq 0$ $\Re\beta^2$ für $\Re\beta<0$
68	$\dfrac{1}{s}\sqrt{\dfrac{s+\beta}{s+\alpha}}\;e^{-b\sqrt{(s+\alpha)(s+\beta)}}$	$\begin{cases} 0 & \text{für } t<b \\ e^{-\frac{\alpha+\beta}{2}t}\,I_0\!\left(\tfrac{\alpha-\beta}{2}\sqrt{t^2-b^2}\right) + \beta\displaystyle\int_b^t e^{-\frac{\alpha+\beta}{2}\tau}\,I_0\!\left(\tfrac{\alpha-\beta}{2}\sqrt{\tau^2-b^2}\right)d\tau & \text{für } t>b \end{cases}$	Max $-\Re a, -\Re\beta, 0$
69	$\dfrac{e^{-\alpha\sqrt{s}}}{s(\beta+\sqrt{s})^2}$	$\dfrac{1}{\beta^2}\,\mathrm{erfc}\left(\dfrac{\alpha}{2\sqrt{t}}\right) - 2\,\dfrac{t}{\beta}\,\chi(\alpha,t)$ $+ \left(2t+\dfrac{\alpha}{\beta}-\dfrac{1}{\beta^2}\right)e^{\alpha\beta+\beta^2 t}\,\mathrm{erfc}\left(\dfrac{\alpha}{2\sqrt{t}}+\beta\sqrt{t}\right)$	0 für $\Re\beta\geqq 0$ $\Re\beta^2$ für $\Re\beta<0$
70	$\dfrac{e^{-b\sqrt{s^2-\alpha^2}}}{s^2-\alpha^2}\left(b+\dfrac{1}{\sqrt{s^2-\alpha^2}}\right)$	$\begin{cases} 0 & \text{für } t<b \\ \dfrac{\sqrt{t^2-b^2}}{\alpha}\,I_1(\alpha\sqrt{t^2-b^2}) & \text{für } t>b \end{cases}$	$\lvert\Re\alpha\rvert$
71	$\dfrac{e^{-b\sqrt{s^2+\alpha^2}}}{s^2+\alpha^2}\left(b+\dfrac{1}{\sqrt{s^2+\alpha^2}}\right)$	$\begin{cases} 0 & \text{für } t<b \\ \dfrac{\sqrt{t^2-b^2}}{\alpha}\,J_1(\alpha\sqrt{t^2-b^2}) & \text{für } t>b \end{cases}$	$\lvert\Im\alpha\rvert$
72	$\dfrac{e^{\frac{1}{s}}}{s^{\nu+1}}$, $\Re\nu>-1$	$t^{\frac{\nu}{2}}I_\nu(2\sqrt{t})$	0
73	$\dfrac{1}{s^\beta}\,e^{\frac{\alpha}{s^\beta}}$, $\Re\beta>0$	$t^{\beta-1}\displaystyle\sum_{k=0}^{\infty}\dfrac{(\alpha t^\beta)^k}{k!\,\Pi(\beta(k+1))}$	0
74	$\dfrac{e^{-\frac{\alpha}{s}}}{s^{\nu+1}}$, $\Re\nu>-1$	$\left(\dfrac{t}{\alpha}\right)^{\frac{\nu}{2}}J_\nu(2\sqrt{\alpha t})$	0

4. **Exponentialfunktionen**

75	$\dfrac{e^{-b\sqrt{s^2-a^2}}}{\sqrt{s^2-a^2}\,(s+\sqrt{s^2-a^2})^\nu}$, $\quad\Re\nu>-1$	$\begin{cases} 0 & \text{für } t<b \\[4pt] \dfrac{1}{a^\nu}\left(\dfrac{t-b}{t+b}\right)^{\frac{\nu}{2}} I_\nu(a\sqrt{t^2-b^2}) & \text{für } t>b \end{cases}$	$|\Re a|$
76	$\dfrac{e^{-b\sqrt{s^2+a^2}}}{\sqrt{s^2+a^2}\,(s+\sqrt{s^2+a^2})^\nu}$, $\quad\Re\nu>-1$	$\begin{cases} 0 & \text{für } t<b \\[4pt] \dfrac{1}{a^\nu}\left(\dfrac{t-b}{t+b}\right)^{\frac{\nu}{2}} J_\nu(a\sqrt{t^2-b^2}) & \text{für } t>b \end{cases}$	$|\Im a|$
77	$\dfrac{e^{b(s-\sqrt{s^2+a^2})}}{\sqrt{s^2+a^2}\,(s+\sqrt{s^2+a^2})^\nu}$, $\quad\Re\nu>-1$	$\dfrac{t^{\frac{\nu}{2}} J_\nu(a\sqrt{t^2+2bt})}{a^\nu(t+2b)^{\frac{\nu}{2}}}$	$|\Im a|$
78	$\dfrac{e^{b(s-\sqrt{s^2-a^2})}}{\sqrt{s^2-a^2}\,(s+\sqrt{s^2-a^2})^\nu}$, $\quad\Re\nu>-1$	$\dfrac{t^{\frac{\nu}{2}} I_\nu(a\sqrt{t^2+2bt})}{a^\nu(t+2b)^{\frac{\nu}{2}}}$	$|\Re a|$
79	$\dfrac{e^{b(s-\sqrt{s^2+a^2})}\log(s+\sqrt{s^2+a^2})}{\sqrt{s^2+a^2}}$	$\log a\cdot J_0(a\sqrt{t^2+2bt}) - \dfrac{\pi}{2} N_0(a\sqrt{t^2+2bt})$	$|\Im a|$
80	$\dfrac{e^{-b\sqrt{s^2-a^2}}\log(s+\sqrt{s^2-a^2})}{\sqrt{s^2-a^2}}$	$\begin{cases} 0 & \text{für } t<b \\[4pt] K_0(a\sqrt{t^2-b^2}) + \log a\cdot I_0(a\sqrt{t^2-b^2}) & \text{für } t>b \end{cases}$	$|\Re a|$
81	$\dfrac{e^{-b\sqrt{s^2+a^2}}\log(s+\sqrt{s^2+a^2})}{\sqrt{s^2+a^2}}$	$\begin{cases} 0 & \text{für } t<b \\[4pt] \log a\cdot J_0(a\sqrt{t^2-b^2}) - \dfrac{\pi}{2} N_0(a\sqrt{t^2-b^2}) & \text{für } t>b \end{cases}$	$|\Im a|$
82	$\dfrac{1}{s}\,\dfrac{1}{1-e^{-\frac{1}{s}}}$	$\displaystyle\sum_{k=0}^{\infty} J_0(2\sqrt{kt})$	0
83	$\dfrac{1}{s(e^s-1)}$	$[t] = $ größte ganze Zahl $\leq t$	0
84	$\dfrac{1}{s}\,\dfrac{1}{1+e^{-as}}$	$\begin{cases} 1 & \text{für } 2na<t<(2n+1)a, \quad n=0,1,2,\dots \\ 0 & \text{sonst} \end{cases}$	0
85	$\dfrac{1}{s}\,\dfrac{1}{1-e^{-as}}$	$n+1\quad$ für $na<t<(n+1)a$, $\quad n=0,1,2,\dots$	0

4. Exponentialfunktionen

86	$\dfrac{b}{(s^2+b^2)(1-e^{-\frac{\pi}{b}s})}$	$\begin{cases} \sin bt & \text{für } 2k\frac{\pi}{b}<t<(2k+1)\frac{\pi}{b} \\ & \qquad k=0,1,2,\ldots \\ 0 & \text{sonst} \end{cases}$	0
87	$\dfrac{b}{(s^2+b^2)\left(1+e^{-\frac{2n\pi s}{b}}\right)}$	$\begin{cases} \sin bt & \text{für } 2k\cdot 2n\frac{\pi}{b}<t<(2k+1)2n\frac{\pi}{b} \\ & \qquad k=0,1,2,\ldots \\ 0 & \text{sonst} \end{cases}$	0
88	$\dfrac{1}{s^2+b^2}\,\dfrac{1+e^{-\frac{\pi}{b}s}}{1-e^{-\frac{\pi}{b}s}}$	$\dfrac{1}{b}\,\lvert\sin bt\rvert$	0
89	$\dfrac{s}{s^2+b^2}\,\dfrac{1+e^{-\frac{\pi}{b}s}}{1-e^{-\frac{\pi}{b}s}}$	$\begin{cases} \cos bt & \text{für } 2k\frac{\pi}{b}<t<(2k+1)\frac{\pi}{b} \\ -\cos bt & \text{für } (2k+1)\frac{\pi}{b}<t<(2k+2)\frac{\pi}{b} \\ & \qquad k=0,1,2,\ldots \end{cases}$	0
90	$\dfrac{1}{s^2+b^2}\left(\dfrac{s}{b}+2\,\dfrac{e^{-\frac{\pi}{2b}s}}{1-e^{-\frac{\pi}{b}s}}\right)$	$\dfrac{1}{b}\,\lvert\cos bt\rvert$	0
91	$\dfrac{b^2}{s(s^2+b^2)}\left(1-e^{-2n\frac{\pi}{b}s}\right)$	$\begin{cases} 2\sin^2\frac{b}{2}t & \text{für } 0<t<2n\frac{\pi}{b} \\ 0 & \text{für } t>2n\frac{\pi}{b} \end{cases}$	$-\infty$
92	$\dfrac{2s^2+b^2}{s(s^2+b^2)}\left(1-e^{-2n\frac{\pi}{b}s}\right)$	$\begin{cases} 2\cos^2\frac{b}{2}t & \text{für } 0<t<2n\frac{\pi}{b} \\ 0 & \text{für } t>2n\frac{\pi}{b} \end{cases}$	$-\infty$
93	$\dfrac{b^2}{s(s^2+b^2)}\,e^{-2n\frac{\pi}{b}s}\left(1-e^{-\frac{\pi}{b}s}\right)$	$\begin{cases} 2\sin^2\frac{b}{2}t & \text{für } 2n\frac{\pi}{b}<t<(2n+1)\frac{\pi}{b} \\ 0 & \text{sonst} \end{cases}$	$-\infty$

94	$\dfrac{2s^2+b^2}{s(s^2+b^2)}\,e^{-2n\frac{\pi}{b}s}\left(1-e^{-\frac{\pi}{b}s}\right)$	$\begin{cases} 2\cos^2\frac{b}{2}t & \text{für } 2n\frac{\pi}{b}<t<(2n+1)\frac{\pi}{b} \\[2mm] 0 & \text{sonst} \end{cases}$	$-\infty$
95	$\dfrac{e^{-as}}{s^2+4\beta^2}\left[\dfrac{2\beta^2}{s}+s\sin^2 a\beta+\beta\sin 2a\beta\right]$ $-\dfrac{e^{-bs}}{s^2+4\beta^2}\left[\dfrac{2\beta^2}{s}+s\sin^2 b\beta+\beta\sin 2b\beta\right]$	$\begin{cases} \sin^2\beta t & \text{für } a<t<b \\[2mm] 0 & \text{sonst} \end{cases}$	$-\infty$
96	$\dfrac{e^{-as}}{s^2+4\beta^2}\left[\dfrac{2\beta^2}{s}+s\cos^2 a\beta-\beta\sin 2a\beta\right]$ $-\dfrac{e^{-bs}}{s^2+4\beta^2}\left[\dfrac{2\beta^2}{s}+s\cos^2 b\beta-\beta\sin 2b\beta\right]$	$\begin{cases} \cos^2\beta t & \text{für } a<t<b \\[2mm] 0 & \text{sonst} \end{cases}$	$-\infty$
97	$\dfrac{b^2}{s(s^2+b^2)}\,\dfrac{1}{1+e^{-\frac{\pi}{b}s}}$	$\begin{cases} 2\sin^2\frac{b}{2}t & \text{für } 2k\frac{\pi}{b}<t<(2k+1)\frac{\pi}{b} \\ & k=0,1,2,\dots \\[1mm] 0 & \text{sonst} \end{cases}$	0
98	$\dfrac{2s^2+b^2}{s(s^2+b^2)}\,\dfrac{1}{1+e^{-\frac{\pi}{b}s}}$	$\begin{cases} 2\cos^2\frac{b}{2}t & \text{für } 2k\frac{\pi}{b}<t<(2k+1)\frac{\pi}{b} \\ & k=0,1,2,\dots \\[1mm] 0 & \text{sonst} \end{cases}$	0
99	$\dfrac{b^2}{s(s^2+b^2)}\,\dfrac{1}{1+e^{-2n\frac{\pi}{b}s}}$	$\begin{cases} 2\sin^2\frac{b}{2}t & \text{für } 2k\cdot 2n\frac{\pi}{b}<t<(2k+1)2n\frac{\pi}{b} \\ & k=0,1,2,\dots \\[1mm] 0 & \text{sonst} \end{cases}$	0
100	$\dfrac{2s^2+b^2}{s(s^2+b^2)}\,\dfrac{1}{1+e^{-2n\frac{\pi}{b}s}}$	$\begin{cases} 2\cos^2\frac{b}{2}t & \text{für } 2k\cdot 2n\frac{\pi}{b}<t<(2k+1)2n\frac{\pi}{b} \\ & k=0,1,2,\dots \\[1mm] 0 & \text{sonst} \end{cases}$	0

4. Exponentialfunktionen

101	$\dfrac{e^{-as}}{s^2-4\beta^2}\left[s\sin^2 a\beta + \dfrac{2\beta^2}{s} + \beta\sin 2a\beta\right]$ $-\dfrac{e^{-bs}}{s^2-4\beta^2}\left[s\sin^2 b\beta + \dfrac{2\beta^2}{s} + \beta\sin 2b\beta\right]$	$\begin{cases}\sin^2\beta t & \text{für } a<t<b \\[4pt] 0 & \text{sonst}\end{cases}$	$-\infty$
102	$\dfrac{e^{-as}}{s^2-4\beta^2}\left[s\cos^2 a\beta - \dfrac{2\beta^2}{s} + \beta\sin 2a\beta\right]$ $-\dfrac{e^{-bs}}{s^2-4\beta^2}\left[s\cos^2 b\beta - \dfrac{2\beta^2}{s} + \beta\sin 2b\beta\right]$	$\begin{cases}\cos^2\beta t & \text{für } a<t<b \\[4pt] 0 & \text{sonst}\end{cases}$	$-\infty$

5. Kreis- und Hyperbelfunktionen

Nr.	f(s)	F(t)	K.A.
1	$\dfrac{\operatorname{tg}\sqrt{s}}{s}$	$\displaystyle\int_0^1 \hat{\vartheta}_2\!\left(\tfrac{\tau}{2}\cdot t\right)d\tau = \mathcal{U}(0,t)$	0
2	$\dfrac{1}{s}\sin\dfrac{1}{\sqrt{s}}$	$\sqrt{\dfrac{\pi}{2}}\,(2t)^{\frac{1}{6}}\,Y_{\frac{1}{2},\frac{1}{2}}\!\left(3\sqrt[3]{\tfrac{t}{4}}\right)$	0
3	$\dfrac{1}{s}\cos\dfrac{1}{\sqrt{s}}$	$\sqrt{\dfrac{\pi}{2}}\,(2t)^{\frac{1}{6}}\,Y_{0,-\frac{1}{2}}\!\left(3\sqrt[3]{\tfrac{t}{4}}\right)$	0
4	$\dfrac{1}{s}\cos\dfrac{1}{s}$	$\operatorname{ber}(2\sqrt{t})$	0
5	$\dfrac{1}{s}\sin\dfrac{1}{s}$	$\operatorname{bei}(2\sqrt{t})$	0
6	$\dfrac{1}{s}\operatorname{tg} bs$	$\begin{cases} 1 & \text{für } (4k-4)b < t < (4k-2)b \\ -1 & \text{für } (4k-2)b < t < 4kb \end{cases}\quad k=1,2,3,$	0
7	$\dfrac{1}{s}\operatorname{ctg} bs$	$2k-1 \quad \text{für } 2(k-1)b < t < 2kb \;,\; k=1,2,3,\dots$	0
8	$\dfrac{1}{\sqrt{s}}\operatorname{tg}\sqrt{s}$	$\vartheta_2(0,t)$	0
9	$\dfrac{1}{\sqrt{s}}\operatorname{ctg}\sqrt{s}$	$\vartheta_3(0,t)-\vartheta_3(1,t)=\vartheta\!\left(\tfrac{1}{2}\cdot t\right)$	0
10	$\dfrac{1}{\sqrt{s}}\operatorname{Cof}\dfrac{1}{s}$	$\dfrac{\operatorname{Cof} 2\sqrt{t}+\cos 2\sqrt{t}}{2\sqrt{\pi t}}$	0
11	$\dfrac{1}{\sqrt{s}}\operatorname{Sin}\dfrac{1}{s}$	$\dfrac{\operatorname{Cof} 2\sqrt{t}-\cos 2\sqrt{t}}{2\sqrt{\pi t}}$	0

12	$\dfrac{1}{\sqrt{s}}\cos\dfrac{1}{s}$	$\dfrac{\mathfrak{Cof}\sqrt{2t}\,\cos\sqrt{2t}}{\sqrt{\pi t}}$	0
13	$\dfrac{1}{\sqrt{s}}\sin\dfrac{1}{s}$	$\dfrac{\mathfrak{Sin}\sqrt{2t}\,\sin\sqrt{2t}}{\sqrt{\pi t}}$	0
14	$\dfrac{1}{\sqrt{s}}\,\gamma_y(\sqrt{s}+\alpha)$	$\mathcal{U}(\alpha,t)$	0
15	$s^{-\frac{2}{3}}\,\mathfrak{a}_3\!\left(-\sqrt[3]{s}\right)$	$\dfrac{1}{\sqrt{3t}}\,\gamma_{\frac{1}{3}}\!\left(\dfrac{2}{3\sqrt[3]{3t}}\right)$	0
16	$s^{-\frac{2}{3}}\,\mathfrak{a}_1\!\left(-\sqrt[3]{s}\right)$	$\dfrac{1}{\sqrt{3t}}\,\gamma_{-\frac{1}{3}}\!\left(\dfrac{2}{3\sqrt[3]{3t}}\right)$	0
17	$\dfrac{\sin\!\left(\beta+\operatorname{arc\,tg}\frac{\alpha}{s}\right)}{\sqrt{s^2+\alpha^2}}$	$\sin(\alpha t+b)$	$|\mathfrak{I}\alpha|$
18	$\dfrac{\cos\!\left(\beta+\operatorname{arc\,tg}\frac{\alpha}{s}\right)}{\sqrt{s^2+\alpha^2}}$	$\cos(\alpha t+b)$	$|\mathfrak{I}\alpha|$
19	$\dfrac{\mathfrak{Sin}\left(\nu\operatorname{Ar}\mathfrak{Cof}\,s\right)}{\sqrt{s^2-1}}$	$\dfrac{\sin\nu\pi}{\pi}\,K_\nu(t)\quad,\quad |\mathfrak{R}\nu|<1$	1
20	$\dfrac{1}{s^\nu}\sin\dfrac{1}{s}\;,\;\mathfrak{R}\nu>0$	$t^{\frac{\nu}{2}}\!\left(\cos\dfrac{3\nu\pi}{4}\,\operatorname{bei}_{\nu-1}2\sqrt{t}-\sin\dfrac{3\nu\pi}{4}\,\operatorname{ber}_{\nu-1}2\sqrt{t}\right)$	0
21	$\dfrac{1}{s^\nu}\cos\dfrac{1}{s}\;,\;\mathfrak{R}\nu>0$	$t^{\frac{\nu}{2}}\!\left(\cos\dfrac{3\nu\pi}{4}\,\operatorname{ber}_{\nu-1}2\sqrt{t}+\sin\dfrac{3\nu\pi}{4}\,\operatorname{bei}_{\nu-1}2\sqrt{t}\right)$	0
22	$\dfrac{1}{s^{\nu+1}}\,\mathfrak{Cof}\,\dfrac{1}{s}\;,\;\mathfrak{R}\nu>-1$	$\dfrac{1}{2}t^{\frac{\nu}{2}}\!\left[\gamma_\nu(2\sqrt{t})+I_\nu(2\sqrt{t})\right]$	0
23	$\dfrac{1}{s^{\nu+1}}\,\mathfrak{Sin}\,\dfrac{1}{s}\;,\;\mathfrak{R}\nu>-1$	$\dfrac{1}{2}t^{\frac{\nu}{2}}\!\left[\gamma_\nu(2\sqrt{t})-I_\nu(2\sqrt{t})\right]$	0
24	$\dfrac{1}{s^{\mu+1}}\cos\dfrac{1}{\sqrt{s}}\;,\;\mathfrak{R}\mu>-1$	$\sqrt{\dfrac{\pi}{2}}\,(2t)^{\frac{2\mu}{3}+\frac{1}{6}}\,\gamma_{\mu,-\frac{1}{2}}\!\left(3\sqrt[3]{\tfrac{t}{4}}\right)$	0

25	$\dfrac{1}{s^{\mu+\frac12}}\sin\dfrac{1}{\sqrt{s}}$, $\Re\mu>-1$	$\sqrt{\dfrac{\pi}{2}}\,(2t)^{\frac{2\mu}{3}-\frac16}\,\mathcal{J}_{\mu,\frac12}\!\left(3\sqrt[3]{\dfrac{t}{4}}\right)$	0
26	$\dfrac{\sin\left[(b+1)\arctan\frac{\alpha}{s}\right]}{\left(\sqrt{s^2+\alpha^2}\right)^{b+1}}$ $b>-1$	$\dfrac{t^b\sin\alpha t}{\Gamma(b+1)}$	$\lvert\Im\alpha\rvert$
27	$\dfrac{\cos\left[(b+1)\arctan\frac{\alpha}{s}\right]}{\left(\sqrt{s^2+\alpha^2}\right)^{b+1}}$ $b>-1$	$\dfrac{t^b\cos\alpha t}{\Gamma(b+1)}$	$\lvert\Im\alpha\rvert$
28	$\dfrac{1}{\mathfrak{Cof}\sqrt{s}}$	$\left[\dfrac{\partial}{\partial v}\vartheta_1\!\left(\dfrac{v}{2},t\right)\right]_{v=0}$	0
29	$\dfrac{1}{\mathfrak{Sin}\sqrt{s}}$	$-\left[\dfrac{\partial}{\partial v}\hat{\vartheta}_0\!\left(\dfrac{v}{2},t\right)\right]_{v=0}$	0
30	$\dfrac{1}{s\,\mathfrak{Cof}\sqrt{s}}$	$-\displaystyle\int_0^1\vartheta_1\!\left(\dfrac{u}{2},t\right)du+1$	0
31	$\dfrac{1}{s\,\mathfrak{Cof}\,bs}$	$\begin{cases}2 & \text{für }(4k-3)b<t<(4k-1)b\,,\ k=1,2,\dots\\ 0 & \text{sonst}\end{cases}$	0
32	$\dfrac{1}{s\,\mathfrak{Sin}\,bs}$	$\begin{cases}2k & \text{für }(2k-1)b<t<(2k+1)b\,,\ k=1,2,\dots\\ 0 & \text{für }0<t<b\end{cases}$	0
33	$\dfrac{1}{s}-\dfrac{1}{s\,\mathfrak{Cof}\,bs}$	$\begin{cases}1 & \text{für }(4k-5)b<t<(4k-3)b\\ -1 & \text{für }(4k-3)b<t<(4k-1)b\end{cases}$ $k=1,2,3,\dots$	0
34	$\dfrac{1}{s^2\,\mathfrak{Cof}\,bs}$	$\begin{cases}2\left[t-(2k-1)b\right] & \text{für }(4k-3)b<t<(4k-1)b\\ 4kb & \text{für }(4k-1)b<t<(4k+1)b\end{cases}$ $k=0,1,2,\dots$	0
35	$\dfrac{bs+\frac12}{s^2}\,\dfrac{e^{-bs}}{\mathfrak{Sin}\,bs}$	$2kb-t\quad\text{für }2kb<t<2(k+1)b\,,$ $k=0,1;2,3,\dots$	0

36	$\dfrac{1}{\sqrt{s}\ \operatorname{Cos}\sqrt{s}}$	$\hat{\vartheta}_2\left(\tfrac{1}{2},t\right)=-\dfrac{2}{\sqrt{\pi t}}\sum\limits_{k=1}^{\infty}(-1)^k e^{-\frac{1}{t}\left(k-\frac{1}{2}\right)^2}$	0
37	$\dfrac{1}{\sqrt{s}\ \operatorname{Sin}\sqrt{s}}$	$\vartheta_0(0,t)$	0
38	$\dfrac{\operatorname{Sin} v\sqrt{s}}{\operatorname{Cos}\sqrt{s}}$	$-\dfrac{\partial}{\partial v}\hat{\vartheta}_1\left(\tfrac{v}{2},t\right)\qquad -1<v<1$	0
39	$\dfrac{\operatorname{Cos} v\sqrt{s}}{\operatorname{Cos}\sqrt{s}}$	$\dfrac{\partial}{\partial v}\vartheta_1\left(\tfrac{v}{2},t\right)\qquad -1<v<1$	0
40	$\dfrac{\operatorname{Sin} v\sqrt{s}}{\operatorname{Sin}\sqrt{s}}$	$\dfrac{\partial}{\partial v}\vartheta_0\left(\tfrac{v}{2},t\right)\qquad -1<v<1$	0
41	$\dfrac{\operatorname{Cos} v\sqrt{s}}{\operatorname{Sin}\sqrt{s}}$	$-\dfrac{\partial}{\partial v}\hat{\vartheta}_0\left(\tfrac{v}{2},t\right)\qquad -1<v<1$	0
42	$\dfrac{\operatorname{Cos}(v-1)\sqrt{s}}{\operatorname{Sin}\sqrt{s}}$	$-\dfrac{\partial}{\partial v}\hat{\vartheta}_3\left(\tfrac{v}{2},t\right)\qquad 0<v<2$	0
43	$\dfrac{\operatorname{Sin}(v-1)\sqrt{s}}{\operatorname{Cos}\sqrt{s}}$	$\dfrac{\partial}{\partial v}\hat{\vartheta}_2\left(\tfrac{v}{2},t\right)\qquad 0<v<2$	0
44	$\dfrac{\operatorname{Cos}(a-v)\sqrt{s}}{\operatorname{Cos} a\sqrt{s}}$	$-\dfrac{1}{a}\dfrac{\partial}{\partial v}\vartheta_2\left(\tfrac{v}{2a},\tfrac{t}{a^2}\right)\qquad 0<v<2a$	0
45	$\dfrac{\operatorname{Sin}(a-v)\sqrt{s}}{\operatorname{Sin} a\sqrt{s}}$	$-\dfrac{1}{a}\dfrac{\partial}{\partial v}\vartheta_3\left(\tfrac{v}{2a},\tfrac{t}{a^2}\right)\qquad 0<v<2a$	0
46	$\dfrac{\operatorname{Sin} v\sqrt{s}}{s\ \operatorname{Cos}\sqrt{s}}$	$-\displaystyle\int\limits_0^v\hat{\vartheta}_1\left(\tfrac{u}{2},t\right)du\qquad -1\leqq v\leqq 1$	0
47	$\dfrac{\operatorname{Cos} v\sqrt{s}}{s\ \operatorname{Cos}\sqrt{s}}$	$\displaystyle\int\limits_1^v\vartheta_1\left(\tfrac{u}{2},t\right)du+1\qquad -1\leqq v\leqq 1$	0

48	$\dfrac{\mathfrak{Sin}(v-1)\sqrt{s}}{s\,\mathfrak{Sin}\sqrt{s}}$	$\displaystyle\int_1^{v}\vartheta_3\!\left(\tfrac{u}{2},t\right)du\ ,\quad 0\le v\le 2$	0
49	$\dfrac{\mathfrak{Cof}\,v\sqrt{s}}{s\,\mathfrak{Sin}\sqrt{s}}$	$\displaystyle\int_0^{v}\hat\vartheta_0\!\left(\tfrac{u}{2},t\right)du+\int_0^{t}\left[\dfrac{\partial}{\partial v}\hat\vartheta_0\!\left(\tfrac{u}{2},\tau\right)\right]_{v=0}d\tau$ $-1<v<1$	0
50	$\dfrac{\mathfrak{Cof}(v-1)\sqrt{s}}{s\,\mathfrak{Sin}\sqrt{s}}$	$\displaystyle\int_v^{1}\hat\vartheta_3\!\left(\tfrac{u}{2},t\right)du-\int_0^{t}\left[\dfrac{\partial}{\partial v}\vartheta_0\!\left(\tfrac{u}{2},\tau\right)\right]_{v=0}d\tau$ $0<v<2$	0
51	$\dfrac{\mathfrak{Sin}\,v\sqrt{s}}{s\,\mathfrak{Sin}\sqrt{s}}$	$-\displaystyle\int_0^{v}\vartheta_0\!\left(\tfrac{u}{2},t\right)du\ ,\quad -1<v<1$	0
52	$\dfrac{\mathfrak{Cof}(v-1)\sqrt{s}}{s\,\mathfrak{Cof}\sqrt{s}}$	$1-\displaystyle\int_0^{v}\vartheta_2\!\left(\tfrac{u}{2},t\right)du\ ,\quad 0<v<2$	0
53	$\dfrac{\mathfrak{Sin}(v-1)\sqrt{s}}{s\,\mathfrak{Cof}\sqrt{s}}$	$\displaystyle\int_1^{v}\hat\vartheta_2\!\left(\tfrac{u}{2},t\right)du\ ,\quad 0\le v\le 2$	0
54	$\dfrac{\mathfrak{Cof}\,bs}{s\,\mathfrak{Cof}\,2bs}$	$\begin{cases} 1 & \text{für }\ (4k-3)b<t<(4k-1)b \\ 2 & \text{für }\ (8k-5)b<t<(8k-3)b \\ 0 & \text{sonst} \end{cases}$ $k=1,2,3,\dots$	0
55	$\dfrac{\mathfrak{Sin}\,bs}{s\,\mathfrak{Cof}\,2bs}$	$\begin{cases} 1 & \text{für }\ (8k-7)b<t<(8k-5)b \\ -1 & \text{für }\ (8k-3)b<t<(8k-1)b \\ 0 & \text{sonst} \end{cases}$ $k=1,2,3,\dots$	0
56	$\dfrac{1}{s^2}\dfrac{\mathfrak{Sin}\,bs}{\mathfrak{Cof}\,2bs}$	$\begin{cases} 0 & \text{für }\ (8k-1)b<t<(8k+1)b \\ t-(8k+1)b & \text{für }\ (8k+1)b<t<(8k+3)b \\ 2b & \text{für }\ (8k+3)b<t<(8k+5)b \\ -t+(8k+7)b & \text{für }\ (8k+5)b<t<(8k+7)b \end{cases}$ $k=0,1,2,\dots$	0
57	$\dfrac{1}{s^2\,\mathfrak{Cof}\,bs}\,(1+bs\,\mathfrak{Tg}\,bs)$	$\begin{cases} 2t & \text{für }\ (4k-3)b<t<(4k-1)b \\ 0 & \text{sonst} \end{cases}$ $k=1,2,\dots$	0

5. Kreis- und Hyperbelfunktionen

58	$\dfrac{\mathfrak{Sin}\,2v\sqrt{s}}{\sqrt{s}\,\mathfrak{Cos}\sqrt{s}}$	$\vartheta_1(v,t)\ ,\ -\tfrac{1}{2}\leq v\leq\tfrac{1}{2}$	0
59	$\dfrac{\mathfrak{Cos}(2v-1)\sqrt{s}}{\sqrt{s}\,\mathfrak{Cos}\sqrt{s}}$	$\hat{\vartheta}_2(v,t)\ ,\ 0\leq v\leq 1$	0
60	$\dfrac{\mathfrak{Sin}(2v-1)\sqrt{s}}{\sqrt{s}\,\mathfrak{Sin}\sqrt{s}}$	$-\hat{\vartheta}_3(v,t)\ ,\ 0\leq v\leq 1$	0
61	$\dfrac{\mathfrak{Sin}(2v-1)\sqrt{s}}{\sqrt{s}\,\mathfrak{Cos}\sqrt{s}}$	$-\vartheta_2(v,t)\ ,\ 0\leq v\leq 1$	0
62	$\dfrac{\mathfrak{Sin}\,2v\sqrt{s}}{\sqrt{s}\,\mathfrak{Sin}\sqrt{s}}$	$-\hat{\vartheta}_0(v,t)\ ,\ -\tfrac{1}{2}\leq v\leq\tfrac{1}{2}$	0
63	$\dfrac{\mathfrak{Cos}\,2v\sqrt{s}}{\sqrt{s}\,\mathfrak{Sin}\sqrt{s}}$	$\vartheta_0(v,t)\ ,\ -\tfrac{1}{2}\leq v\leq\tfrac{1}{2}$	0
64	$\dfrac{\mathfrak{Cos}\,2v\sqrt{s}}{\sqrt{s}\,\mathfrak{Cos}\sqrt{s}}$	$-\hat{\vartheta}_1(v,t)\ ,\ -\tfrac{1}{2}\leq v\leq\tfrac{1}{2}$	0
65	$\dfrac{\mathfrak{Cos}(2v-1)\sqrt{s}}{\sqrt{s}\,\mathfrak{Sin}\sqrt{s}}$	$\vartheta_3(v,t),\ 0\leq v\leq 1$	0
66	$\dfrac{e^{-\sqrt{\alpha s}}}{\sqrt{s}}\cos\sqrt{\alpha s}$	$\dfrac{1}{\sqrt{\pi t}}\cos\!\left(\dfrac{\alpha}{2t}\right)$	0
67	$\dfrac{e^{-\sqrt{\alpha s}}}{\sqrt{s}}\sin\sqrt{\alpha s}$	$\dfrac{1}{\sqrt{\pi t}}\sin\!\left(\dfrac{\alpha}{2t}\right)$	0
68	$\dfrac{e^{-\frac{\alpha^2+\beta^2}{4s}}}{\sqrt{s}}\,\mathfrak{Sin}\!\left(\dfrac{\alpha\beta}{2s}\right)$	$\dfrac{\sin\alpha\sqrt{t}\,\sin\beta\sqrt{t}}{\sqrt{\pi t}}$	0
69	$\dfrac{e^{-\frac{\alpha^2+\beta^2}{4s}}}{\sqrt{s}}\,\mathfrak{Cos}\!\left(\dfrac{\alpha\beta}{2s}\right)$	$\dfrac{\cos\alpha\sqrt{t}\,\cos\beta\sqrt{t}}{\sqrt{\pi t}}$	0
70	$\dfrac{1}{s^2+b^2}\,\mathfrak{Tg}\,\dfrac{\pi}{2b}s$	$\dfrac{1}{b}\,|\sin bt|$	0

71	$\frac{s}{s^2+b^2}\operatorname{Ctg}\frac{\pi}{2b}s$	$\begin{cases}\cos t & \text{für } 2k\frac{\pi}{b}<t<(2k+1)\frac{\pi}{b}\\ -\cos bt & \text{für } (2k+1)\frac{\pi}{b}<t<(2k+2)\frac{\pi}{b}\end{cases}$ $k=0,1,2,\ldots$	0
72	$\frac{1}{s}\,\frac{\operatorname{Sin} bs}{\operatorname{Cof}^2 bs}$	$\begin{cases}4k-2 & \text{für } (4k-3)b<t<(4k-1)b\\ -4k & \text{für } (4k-1)b<t<(4k+1)b\end{cases}$ $k=0,1,2,\ldots$	0
73	$\begin{cases}\frac{\operatorname{Sin}(a-u)\sqrt{s}\,\operatorname{Sin}v\sqrt{s}}{\sqrt{s}\,\operatorname{Sin}a\sqrt{s}} & 0\leqq v\leqq u\leqq a\\ \frac{\operatorname{Sin}(a-v)\sqrt{s}\,\operatorname{Sin}u\sqrt{s}}{\sqrt{s}\,\operatorname{Sin}a\sqrt{s}} & 0\leqq u\leqq v\leqq a\end{cases}$	$\frac{2}{a}\sum_{k=1}^{\infty}e^{-k^2\frac{\pi^2}{a^2}t}\sin k\frac{\pi}{a}u\,\sin k\frac{\pi}{a}v$ $=\frac{1}{2a}\left[\vartheta_3\left(\frac{v-u}{2},\frac{t}{a^2}\right)-\vartheta_3\left(\frac{v+u}{2},\frac{t}{a^2}\right)\right]$	0
74	$\frac{1}{(s^2+b^2)\operatorname{Sin}\frac{\pi}{2b}s}$	$\frac{1}{b}\left(\lvert\cos bt\rvert-\cos bt\right)$ $=\begin{cases}2\,\frac{\cos bt}{b} & \text{für } (4k+1)\frac{\pi}{2b}<t<(4k+3)\frac{\pi}{2b},\ k=0,1,2,\ldots\\ 0 & \text{sonst}\end{cases}$	0

6. Gammafunktion und Verwandte

Nr.	$f(s)$	$F(t)$	K.A.
1	$P(1,s)$	$e^{-e^{-t}}$	0
2	$Q(1,-s)$	$e^{-e^{t}}$	$-\infty$
3	$B(s,\nu)$, $\Re\nu>0$	$(1-e^{-t})^{\nu-1}$	0
4	$P(-\frac{1}{s},\nu)$, $\Re\nu>0$	$(-1)^{\nu}\,t^{\frac{\nu}{2}-1}\,I_{\nu}(2\sqrt{t})$	0
5	$P(\frac{1}{s},\nu)$, $\Re\nu>0$	$t^{\frac{\nu}{2}-1}\,J_{\nu}(2\sqrt{t})$	0
6	$\log s - \Psi(s)$	$\dfrac{1}{1-e^{-t}} - \dfrac{1}{t}$	0
7	$\Psi'(s)$	$\dfrac{t}{1-e^{-t}}$	0
8	$\Psi^{(n)}(s)$	$-\dfrac{(-t)^{n}}{1-e^{-t}}$	0
9	$Q(a,-s)-Q(b,-s)=P(b,-s)-P(a,-s)$ $a<b$	$\begin{cases} e^{-e^{t}} & \text{für } \log a < t < \log b \\ 0 & \text{sonst} \end{cases}$	$-\infty$
10	$\omega(s)$	$\dfrac{1}{t}\left(\dfrac{1}{2} - \dfrac{1}{t} + \dfrac{1}{e^{t}-1}\right)$	0
11	$\Psi(s+\alpha) - \Psi(s)$	$\dfrac{1-e^{-\alpha t}}{1-e^{-t}}$	$\text{Max } 0,-\Re\alpha$
12	$\Psi(\frac{s+1}{2}) - \Psi(\frac{s}{2})$	$\dfrac{2}{1+e^{-t}}$	0

13	$\Psi\left(\frac{s+3a}{4a}\right) - \Psi\left(\frac{s+a}{4a}\right)$	$\dfrac{2a}{\log at}$	$\text{Max } -a, -3a$
14	$\frac{s}{2}\left[\Psi\left(s+\frac{1}{2}\right) - \Psi(s)\right] - 1$	$\dfrac{1}{\log^2\frac{t}{e}}$	0
15	$\dfrac{\Psi(s)}{s}$	$\Psi(1) - \log(e^t - 1)$	0
16	$\dfrac{\omega'(s)}{s}$	$-\log\dfrac{2\operatorname{\mathfrak{S}in}\frac{t}{2}}{t}$	0
17	$\frac{1}{s}\left[\log s - \Psi(s)\right]$	$\log\dfrac{e^t - 1}{t}$	0
18	$\frac{1}{s}\left[\Psi\left(\frac{s+1}{2}\right) - \Psi\left(\frac{s}{2}\right)\right]$	$2\log\dfrac{1+e^t}{2}$	0
19	$\dfrac{1}{s^\nu}\,Q(as,\nu)$	$\begin{cases} t^{\nu-1} & \text{für } t > a \\ 0 & \text{für } t < a \end{cases}$	0
20	$\dfrac{Q(\alpha s,\nu)}{(s-b)\,s^\nu}$ $b \gtreqless 0$	$\begin{cases} e^{bt}\displaystyle\int_\alpha^t e^{-b\tau}\tau^{\nu-1}\,d\tau & \text{für } t > b \\ 0 & \text{für } t < b \end{cases}$	b
21	$e^{\alpha s}\,Q(\alpha s,\nu)$ $\Re\nu > 0,\ \Re\alpha > 0$	$\dfrac{\alpha^{1-\nu}}{\Gamma(\nu)}\dfrac{t^{\nu-1}}{t+\alpha}$	0
22	$\dfrac{B(s,\alpha)}{b^s}$ $\Re\alpha > 0,\ b > 0$	$\begin{cases} (1 - be^{-t})^{\alpha-1} & \text{für } t > \log b \\ 0 & \text{für } t < \log b \end{cases}$	0
23	$\dfrac{e^{\alpha s}}{s^\nu}\,Q(\alpha s,\nu)$ $\Re\alpha > 0$	$(t+\alpha)^{\nu-1}$	0
24	$\dfrac{e^{-as}}{s}\,Q(\alpha\beta,\nu)$ $-\dfrac{\beta^\nu}{s(s+\beta)^\nu}\,Q\left[\alpha(s+\beta),\nu\right]$	$\begin{cases} 0 & \text{für } t < a \\ Q(\beta t,\nu) & \text{für } t > a \end{cases}$	$-\Re\beta$

6. Gammafunktion und Verwandte

25	$\dfrac{\Psi^2(s)}{s}$	$\left[\Gamma'(1)-\log(e^t-1)\right]^2-\Psi'(1)-t\,\log(e^t-1)$ $\qquad\qquad\qquad +1*\log(e^t-1)$	0
26	$B(s,\alpha)\left[\Psi(s+\alpha)-\Psi(s)\right]$	$t(1-e^{-t})^{\alpha-1}\quad,\quad \mathcal{R}\alpha>0$	0
27	$\dfrac{1}{2^{s-1}s\,B\left(\frac{s+n+1}{2},\frac{s-n+1}{2}\right)}$	$\dfrac{2}{\pi\sqrt{1-e^{-2t}}}\,I_n(e^{-t})$	0
28	$\dfrac{\Gamma\left(-\frac{\alpha\beta+is}{2\beta}\right)}{\Gamma\left(1+\frac{\alpha\beta-is}{2\beta}\right)}$ $\mathcal{R}\alpha>-1$	$\dfrac{(2i)^{\alpha+1}}{\Gamma(\alpha+1)}\,\sin^\alpha\beta t$	$\operatorname{Max}2\mathcal{I}\beta+\mathcal{I}\alpha\beta,$ $-\mathcal{I}\alpha\beta$
29	$\dfrac{\Gamma\left(-\frac{1}{4}-\frac{is}{2}\right)}{(1-2is)\,\Gamma\left(\frac{1}{4}-\frac{is}{2}\right)}$	$\dfrac{i-1}{\sqrt{\pi}}\sqrt{\sin t}$	0
30	$\dfrac{\beta^{-\alpha s}\,\Gamma(\alpha s)}{\Gamma(\alpha s+n+1)}$	$\begin{cases}\dfrac{(1-\beta e^{-\frac{t}{\alpha}})^n}{\alpha\,n!} & \text{für } t>\alpha\log\beta \\[2mm] 0 & \text{für } t<\alpha\log\beta\end{cases}$	0
31	$\dfrac{e^{-\frac{\pi}{2}s}}{\Gamma\left(1+\frac{\alpha+is}{2}\right)\Gamma\left(1+\frac{\alpha-is}{2}\right)}$ $\mathcal{R}\alpha>1$	$\begin{cases}\dfrac{2^\alpha}{\pi\,\Gamma(\alpha+1)}\,\sin^\alpha t & \text{für } t<\pi \\[2mm] 0 & \text{für } t>\pi\end{cases}$	$-\infty$
32	$\log\sqrt{2\pi}-\log B\left(\frac{s}{2},\frac{1}{2}\right)$ $\qquad\qquad -\frac{1}{2}\Psi(s)$	$\dfrac{1}{1+e^{-t}}\left[\dfrac{1}{2}-\dfrac{1}{t}+\dfrac{1}{e^t-1}\right]$	0
33	$\log\dfrac{\Gamma(s)\,\Gamma(s+\alpha+\beta)}{\Gamma(s+\alpha)\,\Gamma(s+\beta)}$	$\dfrac{(1-e^{-\alpha t})(1-e^{-\beta t})}{t(1-e^{-t})}$	$\operatorname{Max}0,-\mathcal{R}\alpha,$ $-\mathcal{R}\beta,-\mathcal{R}(\alpha+\beta)$
34	$\log\dfrac{\Gamma\left(\frac{s+1}{2}\right)}{\Gamma\left(\frac{s}{2}\right)}-\frac{1}{2}\Psi\left(\frac{s+1}{2}\right)$	$\dfrac{t-e^t+1}{2t\ln t}$	0

35	$\log \dfrac{\Gamma\left(\frac{s+1}{2}\right)}{\Gamma\left(\frac{s}{2}\right)} - \dfrac{1}{2}\Psi\left(\dfrac{s-1}{2}\right)$	$\dfrac{t-e^t+1}{2t\,\mathfrak{Sin}\,t} + e^t$	1
36	$\log \dfrac{\Gamma\left(1+\frac{s}{2}\right)}{\Gamma\left(\frac{1+s}{2}\right)} - \dfrac{1}{2}\Psi\left(\dfrac{s}{2}\right)$	$\dfrac{1-e^t+te^{2t}}{t(e^{2t}-1)}$	0
37	$\log \dfrac{\Gamma\left(\frac{s}{2}\right)}{\Gamma\left(\frac{s-1}{2}\right)} - \dfrac{1}{2}\Psi\left(\dfrac{s}{2}\right)$	$\dfrac{e^t\left(t-2e^{\frac{t}{2}}\mathfrak{Cos}\frac{t}{2}\right)}{2t(\mathfrak{Cos}\,t+1)}$	1

7. Integralfunktionen

Nr.	$f(s)$	$F(t)$	K.A.
1	$\mathrm{Ei}(-as)$	$\begin{cases} 0 & \text{für } t<a \\ -\dfrac{1}{t} & \text{für } t>a \end{cases} \quad a>0$	0
2	$S(\nu,s)$	$\dfrac{1}{(1+t)^{\nu}}$	0
3	$\dfrac{\mathrm{Ei}(\pm s)}{s}$	$\begin{cases} 0 & \text{für } t<1 \\ -\log t & \text{für } t>1 \end{cases}$	0
4	$\dfrac{1}{s}\left[\log a - \mathrm{Ei}(-as)\right],\ a>0$	$\begin{cases} \log a & \text{für } t<a \\ \log t & \text{für } t>a \end{cases}$	0
5	$\dfrac{1}{s}\mathrm{Ei}\!\left(-\dfrac{1}{s}\right)$	$\mathcal{I}i_0(2\sqrt{t})$	0
6	$\dfrac{1}{s}\mathrm{Ei}\left[-b(s+\alpha)\right],\ \begin{cases} \alpha\neq 0 \\ b>0 \end{cases}$	$\begin{cases} 0 & \text{für } t<b \\ \mathrm{Ei}(-b\alpha)-\mathrm{Ei}(-\alpha t) & \text{für } t>b \end{cases}$	$-\mathcal{R}\alpha$
7	$\dfrac{1}{s}\displaystyle\int_s^{\infty} K_0(a\sigma)\,d\sigma$	$\begin{cases} 0 & \text{für } t<a \\ \dfrac{1}{a}\left(\dfrac{\pi}{2}-\arcsin\dfrac{a}{t}\right) & \text{für } t>a \end{cases}$	0
8	$\dfrac{1}{s}\left[\mathrm{Ei}(-as)-C-\log s\right],\ a>0$	$\begin{cases} \log t & \text{für } t<a \\ \log a & \text{für } t>a \end{cases}$	$-\infty$
9	$\dfrac{1}{s}\displaystyle\int_0^{s}\dfrac{e^{-a\sigma}-1}{\sigma}\,d\sigma$ $\qquad =-\dfrac{1}{s}\left[\mathrm{Ei}(-as)-C-\log as\right],\ a>0$	$\begin{cases} \log\dfrac{t}{a} & \text{für } t<a \\ 0 & \text{für } t>a \end{cases}$	$-\infty$

10	$e^s \operatorname{Ei}(-s)$	$-\dfrac{1}{1+t}$	0
11	$e^{\alpha s}\operatorname{Ei}\big[-s(\alpha+b)\big]$ α und b nicht zugleich 0, α nicht negativ reell	$\begin{cases} 0 & \text{für } t<b \\ -\dfrac{1}{\alpha+t} & \text{für } t>b \end{cases}$	0
12	$e^{-as} + as\,\operatorname{Ei}(-as)$	$\begin{cases} 0 & \text{für } t<a \\ \dfrac{a}{t^2} & \text{für } t>a \end{cases}\quad a>0$	0
13	$\dfrac{1}{\alpha} + s\,e^{\alpha s}\operatorname{Ei}(-\alpha s)$ $\alpha\neq 0$, nicht negativ reell	$\dfrac{1}{(\alpha+t)^2}$	0
14	$\dfrac{e^{-s}}{s}\operatorname{Ei}(s)$	$-\log(1-t)$	0
15	$\dfrac{e}{s}\operatorname{Ei}(-s)$	$-\log(1+t)$	0
16	$\sin s\, ci(s) - \cos s\, si(s)$	$\dfrac{1}{1+t^2}$	0
17	$\cos s\, ci(s) + \sin s\, si(s)$	$-\dfrac{t}{1+t^2}$	0
18	$\displaystyle\int_s^\infty \sin(\sigma^2-s^2)\,d\sigma$ $= -\cos s^2\,\mathcal{S}^*(s) - \sin s^2\,\mathcal{C}^*(s)$	$\dfrac{1}{2}\cos\dfrac{t^2}{4}$	0
19	$\displaystyle\int_s^\infty \cos(\sigma^2-s^2)\,d\sigma$ $= -\cos s^2\,\mathcal{C}^*(s) + \sin s^2\,\mathcal{S}^*(s)$	$\dfrac{1}{2}\sin\dfrac{t^2}{4}$	0

20	$\cos\frac{\pi}{2}s^2\left[\frac{1}{2}-\mathcal{G}(s)\right]-\sin\frac{\pi}{2}s^2\left[\frac{1}{2}-\mathcal{C}(s)\right]$	$\frac{1}{\pi}\cos\frac{t^2}{2\pi}$	0
21	$\cos\frac{\pi}{2}s^2\left[\frac{1}{2}-\mathcal{C}(s)\right]+\sin\frac{\pi}{2}s^2\left[\frac{1}{2}-\mathcal{G}(s)\right]$	$\frac{1}{\pi}\sin\frac{t^2}{2\pi}$	0
22	$\frac{1}{s}\left[\cos s\; ci(s)+\sin s\; si(s)\right]$	$\log\sqrt{1+t^2}$	0
23	$\frac{1}{s}\left[\sin s\; ci(s)-\cos s\; si(s)\right]$	$\operatorname{arc} tg\, t$	0
24	$\frac{1}{s}\left\{\cos\frac{\pi}{2}s^2\left[\frac{1}{2}-\mathcal{G}(s)\right]-\sin\frac{\pi}{2}s^2\left[\frac{1}{2}-\mathcal{C}(s)\right]\right\}$	$\mathcal{C}\left(\frac{t}{\pi}\right)\cdot$	0
25	$\frac{1}{s}\left\{\cos\frac{\pi}{2}s^2\left[\frac{1}{2}-\mathcal{C}(s)\right]+\sin\frac{\pi}{2}s^2\left[\frac{1}{2}-\mathcal{G}(s)\right]\right\}$	$\mathcal{G}\left(\frac{t}{\pi}\right)$	0
26	$\frac{1}{s}\int\limits_{s}^{\infty}\sin(\sigma^2-s^2)\,d\sigma$ $=\frac{1}{s}\left[\cos s^2\,\mathcal{G}^{*}(s)-\sin s^2\,\mathcal{C}^{*}(s)\right]$	$\frac{1}{2}\int\limits_{0}^{t}\cos\frac{\tau^2}{4}\,d\tau=\sqrt{\frac{\pi}{2}}\,\mathcal{C}\left(\frac{t}{\sqrt{2\pi}}\right)$	0
27	$\frac{1}{s}\int\limits_{s}^{\infty}\cos(\sigma^2-s^2)\,d\sigma$ $=\frac{1}{s}\left[\cos s^2\,\mathcal{C}^{*}(s)+\sin s^2\,\mathcal{G}^{*}(s)\right]$	$\frac{1}{2}\int\limits_{0}^{t}\sin\frac{\tau^2}{4}\,d\tau=\sqrt{\frac{\pi}{2}}\,\mathcal{G}\left(\frac{t}{\sqrt{2\pi}}\right)$	0
28	$Ei^2(-as)\qquad a>0$	$\begin{cases} 0 & \text{für } t<2a \\ \frac{1}{t}\log\left(\frac{t}{a}-1\right) & \text{für } t>2a \end{cases}$	0
29	$Ei(s)\,Ei(-s)$	$\frac{\log(1-t^2)}{t}$	0
30	$Ei(-as)\,Ei(-bs)\;,\;a,b>0$	$\begin{cases} 0 & \text{für } t<a+b \\ \frac{1}{t}\log\frac{(t-a)(t-b)}{ab} & \text{für } t>a+b \end{cases}$	0

7.

31	$S(1,s)\,S(1,-s)$	$-\dfrac{1}{t}\log(1-t^2)$	0
32	$S(1,is)\,S(1,-is)$	$-\dfrac{1}{t}\log(1+t^2)$	0
33	$ci^2(s)+si^2(s)$	$\dfrac{\log(1+t^2)}{t}$	0
34	$\mathcal{S}^{*2}(s)+\mathcal{C}^{*2}(s)$	$\dfrac{1}{t}\sin\dfrac{t^2}{4}$	0
35	$\left[\dfrac{1}{2}-\mathcal{S}(s)\right]^2+\left[\dfrac{1}{2}-\mathcal{C}(s)\right]^2$	$\dfrac{2}{\pi t}\sin\dfrac{t^2}{2\pi}$	0
36	$\dfrac{1}{s}\left\{\left[\dfrac{1}{2}-\mathcal{C}(s)\right]^2+\left[\dfrac{1}{2}-\mathcal{S}(s)\right]^2\right\}$	$\dfrac{1}{\pi}\,Si\!\left(\dfrac{t^2}{2\pi}\right)$	0
37	$\dfrac{1}{s}\left[\mathcal{S}^{*2}(s)+\mathcal{C}^{*2}(s)\right]$	$Si\!\left(\dfrac{t^2}{4}\right)$	0
38	$e^s\,Ei^2(-s)$	$\begin{cases} 0 & \text{für } t<1 \\ \dfrac{\log t}{1+t} & \text{für } t>1 \end{cases}$	0
39	$e^{as}\,Ei^2(-as)\,,\ a>0$	$\begin{cases} 0 & \text{für } t<a \\ \dfrac{\log t-\log a}{t+a} & \text{für } t>a \end{cases}$	0
40	$e^{as}\left[Ei^2(-as)-\log a^2\,Ei(-2as)\right],\ a>0$	$\begin{cases} 0 & \text{für } t<a \\ \dfrac{\log t}{t+a} & \text{für } t>a \end{cases}$	0
41	$e^{(\alpha+\beta)s}\,Ei(-\alpha s)\,Ei(-\beta s)$ $\alpha,\beta\neq 0;\ \alpha+\beta\ \text{nicht negativ reell}$	$\dfrac{1}{t+\alpha+\beta}\log\dfrac{(t+\alpha)(t+\beta)}{\alpha\beta}$	0

| 42 | $e^{(\alpha+\beta)s}\left[Ei(-\alpha s)\,Ei(-\beta s)-\log\alpha\beta\cdot Ei(-\alpha s-\beta s)\right]$
 $\alpha,\beta\neq 0\ ,\ \alpha+\beta\ \text{nicht negativ reell}$ | $\dfrac{\log\left[(t+\alpha)(t+\beta)\right]}{t+\alpha+\beta}$ | 0 |

8. Konfluente hypergeometrische Funktionen

Nr.	$f(s)$	$F(t)$	K.A.
1	$\operatorname{erfc}(\sqrt{as})$, $a>0$	$\begin{cases} 0 & \text{für } t<a \\ \dfrac{1}{\pi t}\sqrt{\dfrac{a}{t-a}} & \text{für } t>a \end{cases}$	0
2	$\operatorname{erf}\left(\dfrac{1}{\sqrt{s}}\right)$	$\dfrac{\sin 2\sqrt{t}}{\pi t}$	0
3	$D_\nu(\sqrt{s})$, $\mathcal{R}\nu>0$	$\begin{cases} 0 & \text{für } t<\dfrac{1}{4} \\ \dfrac{\left(2t+\frac{1}{2}\right)^{\frac{\nu-1}{2}}}{\Gamma\left(-\frac{\nu}{2}\right)\left(t-\frac{1}{4}\right)^{1+\frac{\nu}{2}}} & \text{für } t>\dfrac{1}{4} \end{cases}$	0
4	$\dfrac{1}{s}W_{\kappa,\mu}(s)$ $\mathcal{R}\kappa>1$; $\mu-\frac{1}{2}\neq 0,\pm 1,\pm 2,\ldots$	$\begin{cases} 0 & \text{für } t<\dfrac{1}{2} \\ \left(\dfrac{2t+1}{2t-1}\right)^{\frac{\kappa}{2}}P^{\kappa}_{\mu-\frac{1}{2}}(2t) & \text{für } t>\dfrac{1}{2} \end{cases}$	0
5	$\dfrac{1}{s^{\mu+\frac{1}{2}}}W_{\kappa,\mu}(s)$ $\mathcal{R}\left(\mu+\frac{1}{2}-\kappa\right)>0$	$\begin{cases} 0 & \text{für } t<\dfrac{1}{2} \\ \dfrac{\left(t-\frac{1}{2}\right)^{\mu-\kappa-\frac{1}{2}}}{\Gamma\left(\mu+\frac{1}{2}-\kappa\right)\left(t+\frac{1}{2}\right)^{-\mu-\kappa+\frac{1}{2}}} & \text{für } t>\dfrac{1}{2} \end{cases}$	0
6	$\dfrac{1}{\sqrt{s}}\operatorname{erfc}(\sqrt{as})$	$\begin{cases} 0 & \text{für } t<a \\ \dfrac{1}{\sqrt{\pi t}} & \text{für } t>a \end{cases}$	0
7	$e^{as}\operatorname{erfc}(\sqrt{as})$, $a>0$	$\dfrac{1}{\pi}\sqrt{\dfrac{a}{t}}\,\dfrac{1}{t+a}$	0
8	$e^{\frac{s}{2}}D_{-\nu}(\sqrt{2s})$, $\mathcal{R}\nu>0$	$\dfrac{t^{\frac{\nu}{2}-1}}{2^{\frac{\nu}{2}}\,\Gamma\left(\frac{\nu}{2}\right)(1+t)^{\frac{\nu}{2}}}$	0

8. Konfluente hypergeometrische Funktionen

9	$\dfrac{1}{\sqrt{s}} e^{\frac{s}{4}} D_{-\nu}(\sqrt{s})$, $\ \Re\nu \geq 0$	$\dfrac{t^{\frac{\nu-1}{2}}}{\Gamma(\frac{\nu+1}{2})(2t+1)^{\nu/2}}$	0
10	$e^{s^2} \operatorname{erfc}(s)$	$\dfrac{1}{\sqrt{\pi}} e^{-\frac{t^2}{4}}$	$-\infty$
11	$e^{\frac{s^2}{4\alpha^2}} D_{-\nu}\left(\frac{s}{\alpha}\right)$, $\ \Re\nu>0$	$\dfrac{\alpha^\nu}{\Gamma(\nu)} t^{\nu-1} e^{-\frac{\alpha^2 t^2}{2}}$	$-\infty$ für $|\arg\alpha|<\frac{\pi}{4}$, $\frac{3\pi}{4}<\arg\alpha<\frac{5\pi}{4}$ 0 für $\arg\alpha=\frac{\pi}{4},\frac{3\pi}{4},\frac{5\pi}{4},\frac{7\pi}{4}$ $+\infty$ für die restlichen $\arg\alpha$
12	$s^n e^{\frac{s^2}{4}} D_{-n-1}(s)$	$\dfrac{d^n}{dt^n}\left(e^{-\frac{t^2}{4}} \dfrac{t^n}{n!}\right)$	$-\infty$
13	$\dfrac{1}{s} e^{s^2} \operatorname{erfc}(s)$	$\operatorname{erf}\left(\frac{t}{2}\right)$	0
14	$\dfrac{e^{s^2}}{s}\left[\operatorname{erf}(s)-\operatorname{erf}(s+a)\right]$	$\begin{cases}\operatorname{erf}\left(\frac{t}{2}\right) & \text{für } t<2a \\ \operatorname{erf}(a) & \text{für } t>2a\end{cases}$	0
15	$\dfrac{e^{\frac{s^2}{4\alpha^2}}}{s-\alpha} \operatorname{erfc}\left(\frac{s}{2\alpha}\right)$	$e^{\alpha t+\frac{1}{4}}\left[\operatorname{erf}\left(\alpha t+\frac{1}{2}\right)-\operatorname{erf}\left(\frac{1}{2}\right)\right]$	$\Re\alpha$
16	$\dfrac{e^{s^2}}{s-\alpha} \operatorname{erfc}(s)$	$e^{\alpha(t+\alpha)}\left[\operatorname{erf}\left(\frac{t}{2}+\alpha\right)-\operatorname{erf}(\alpha)\right]$	$\Re\alpha$
17	$\dfrac{e^{s^2}}{s} \operatorname{erfc}(s+a)$, $\ a>0$	$\begin{cases}0 & \text{für } t<2a \\ \operatorname{erf}\left(\frac{t}{2}\right)-\operatorname{erf}(a) & \text{für } t>2a\end{cases}$	0
18	$\dfrac{e^{-\frac{1}{2s}}}{s^{n+1}} He_{2n+1}\left(\frac{1}{\sqrt{s}}\right)$	$(-1)^n \dfrac{(2t)^{n+\frac{1}{2}}}{\sqrt{\pi t}} \sin\sqrt{2t}$	0
19	$\dfrac{e^{-\frac{1}{4s}}}{s^{n+1}} D_{2n+1}\left(\frac{1}{\sqrt{s}}\right)$	$(-1)^n \dfrac{(2t)^{n+\frac{1}{2}}}{\sqrt{\pi t}} \sin\sqrt{2t}$	0

20	$s^{\nu/2}e^{-\frac{1}{4s}}\left[D_\nu\!\left(\frac{i}{\sqrt s}\right)+D_\nu\!\left(\frac{-i}{\sqrt s}\right)\right]$ $\Re\nu<0$	$\dfrac{\cos\sqrt{2t}}{\Gamma(-\nu)\,t\,(2t)^{\nu/2}}$	0
21	$\dfrac{1}{\sqrt s}\,e^{-\frac{1}{2s}}M_{0,0}\!\left(\tfrac1s\right)$	$J_0^2(\sqrt t)$	0
22	$\dfrac{e^{s}}{\sqrt s}\,\operatorname{erfc}(\sqrt s)$	$\dfrac{1}{\sqrt{\pi(1+t)}}$	0
23	$\dfrac{e^{1/s}}{\sqrt s}\,\operatorname{erfc}\!\left(\tfrac{1}{\sqrt s}\right)$	$\dfrac{e^{-2\sqrt t}}{\sqrt{\pi t}}$	0
24	$\dfrac{e^{1/s}}{\sqrt s}\,\operatorname{erfc}\!\left(-\tfrac{1}{\sqrt s}\right)$	$\dfrac{e^{2\sqrt t}}{\sqrt{\pi t}}$	0
25	$\dfrac{e^{1/s}}{\sqrt s}\,\operatorname{erf}\!\left(\tfrac{1}{\sqrt s}\right)$	$\dfrac{\mathfrak{Sin}\,2\sqrt t}{\sqrt{\pi t}}$	0
26	$\dfrac{e^{-1/s}i}{\sqrt s}\,\operatorname{erf}\!\left(\tfrac{i}{\sqrt s}\right)-\dfrac{e^{-1/s}}{\sqrt s}\dfrac{2}{\sqrt\pi}\int_0^{1/\sqrt s}e^{\sigma^2}\,d\sigma$	$-\dfrac{\sin 2\sqrt t}{\sqrt{\pi t}}$	0
27	$\dfrac{e^{\alpha^2 s}}{s\sqrt s}\,\operatorname{erfc}(\alpha\sqrt s)$	$\dfrac{2}{\sqrt\pi}\left(\sqrt{t^2+\alpha^2}-\alpha\right)$	0
28	$\dfrac{e^{1/4s}}{s\sqrt s}\,\operatorname{erf}\!\left(\tfrac{1}{2\sqrt s}\right)$	$\dfrac{2}{\sqrt\pi}\left(\mathfrak{Cof}\,\sqrt t-1\right)$	0
29	$\dfrac{e^{1/4s}}{s\sqrt s}\,\operatorname{erfc}\!\left(-\tfrac{1}{2\sqrt s}\right)$	$\dfrac{2}{\sqrt\pi}\left(e^{\sqrt t}-1\right)$	0

30	$\dfrac{e^{\frac{1}{4s}}}{s\sqrt{s}}\,\mathrm{erfc}\!\left(\dfrac{1}{2\sqrt{s}}\right)$	$\dfrac{2}{\sqrt{\pi}}\left(1-e^{-\sqrt{t}}\right)$	0
31	$\dfrac{e^{-\frac{1}{4s}}}{s\sqrt{s}}\,\mathrm{erf}\!\left(\dfrac{1}{2\sqrt{s}}\right)=-\dfrac{2}{\sqrt{\pi}}\dfrac{e^{-\frac{1}{4s}}}{s\sqrt{s}}\displaystyle\int_{0}^{\frac{1}{2\sqrt{s}}}e^{\sigma^{2}}\,d\sigma$	$\dfrac{2}{\sqrt{\pi}}\left(\cos\sqrt{t}-1\right)$	0
32	$\dfrac{e^{\frac{s}{2}}}{s^{\mu+\frac{1}{2}}}\,W_{\kappa,\mu}(s)$ $\mathfrak{R}\!\left(\mu-\kappa+\tfrac{1}{2}\right)>0$	$\dfrac{t^{\mu-\kappa-\frac{1}{2}}(1+t)^{\mu+\kappa-\frac{1}{2}}}{\Gamma\!\left(\mu-\kappa+\tfrac{1}{2}\right)}$	0
33	$\dfrac{e^{-\frac{\beta}{s}}}{s^{n+\alpha+1}}\,L_{n}^{(\alpha)}\!\left(\dfrac{\beta}{s}\right)$ $\mathfrak{R}\,\alpha>-1$	$\dfrac{t^{n+\frac{\alpha}{2}}}{\beta^{\frac{\alpha}{2}}\,n!}\,J_{\alpha}\!\left(2\sqrt{\beta t}\right)$	0
34	$\dfrac{e^{-\frac{1}{s}}}{s^{\nu+1}}\,L_{\nu}\!\left(\dfrac{1}{s}\right)$ $\mathfrak{R}\,\nu>-1$	$\dfrac{t^{\nu}}{\Gamma(\nu+1)}\,J_{0}\!\left(2\sqrt{t}\right)$	0
35	$\dfrac{e^{\frac{1}{4s}}}{s^{\frac{\nu+1}{2}}}\,D_{-(\nu+1)}\!\left(\dfrac{1}{\sqrt{2s}}\right)$ $\mathfrak{R}\,\nu>-1$	$\dfrac{(2t)^{\frac{\nu-1}{2}}e^{-\sqrt{t}}}{\Gamma(\nu+1)}$	0
36	$\dfrac{(s-1)^{n}\,e^{-\frac{1}{2s}}}{s^{n+\alpha+1}}\,L_{n}^{(\alpha)}\!\left[\dfrac{1}{2s(1-s)}\right]$ $\mathfrak{R}\,\alpha>0$	$(2t)^{\frac{\alpha+1}{2}}\,J_{\alpha}\!\left(\sqrt{2t}\right)L_{n}^{(\alpha)}(t)$	0
37	$\dfrac{e^{-\frac{1}{2s}}}{s^{n+\frac{1}{2}}}\,\mathrm{He}_{2n}\!\left(\dfrac{1}{\sqrt{s}}\right)$	$(-1)^{n}\dfrac{(2t)^{n}}{\sqrt{\pi t}}\cos\sqrt{2t}$	0
38	$\dfrac{e^{-\frac{1}{4s}}}{s^{n+\frac{1}{2}}}\,D_{2n}\!\left(\dfrac{1}{\sqrt{s}}\right)$	$(-1)^{n}\dfrac{(2t)^{n}}{\sqrt{\pi t}}\cos\sqrt{2t}$	0

8. Konfluente hypergeometrische Funktionen

39	$\dfrac{e^{-\frac{1}{2s}}}{s^{\kappa}}\,M_{\kappa,\mu}\!\left(\dfrac{1}{s}\right)$ $\quad$ $\Re(\mu+\kappa+\tfrac{1}{2})>0$	$\dfrac{\Gamma(2\mu+1)}{\Gamma(\mu+\kappa+\frac{1}{2})}\,t^{\kappa-\frac{1}{2}}\,J_{2\mu}(2\sqrt{t})$	0
40	$D_{-1}\!\left(\sqrt{\tfrac{1}{2}}\,s\right)D_{-1}\!\left(\dfrac{s}{\sqrt{2i}}\right)$	$\dfrac{1}{t}\,2\sin t^{2}$	0
41	$D_{\nu}\!\left(\sqrt{2i}\,s\right)D_{\nu}\!\left(\sqrt{-2i}\,s\right),\ \Re\nu<0$	$\dfrac{t^{\nu}}{\sqrt{2}\,\Gamma(-\nu)\sqrt{t^{2}+1}\left(\sqrt{t^{2}+1}-1\right)^{\nu+\frac{1}{2}}}$	0
42	$D_{-\nu-1}(s)\,D_{-\nu-1}(-s),\ \Re\nu>-1$	$\dfrac{(-1)^{\nu}\sqrt{\pi}}{\Gamma(\nu+1)}\,I_{\nu+\frac{1}{2}}\!\left(\dfrac{t^{2}}{2}\right)$	0
43	$D_{-\nu-1}\!\left(e^{\frac{i\pi}{4}}s\right)D_{-\nu-1}\!\left(e^{-\frac{i\pi}{4}}s\right),$ $\quad \Re\nu>-1$	$\dfrac{\sqrt{\pi}}{\Gamma(\nu+1)}\,J_{\nu+\frac{1}{2}}\!\left(\dfrac{t^{2}}{2}\right)$	0
44	$e^{\beta s^{2}}\,\mathrm{erfc}\left(\sqrt{\beta}\,s\right)$	$\chi^{(t,\beta)}$	$-\infty$
45	$\dfrac{1}{\sqrt{\pi\beta}}-s\,e^{\beta s^{2}}\,\mathrm{erfc}\left(\sqrt{\beta}\,s\right)$	$\psi^{(t,\beta)}$	$-\infty$

9. Zylinderfunktionen

Nr.	$f(s)$	$F(t)$	K.A.
1	$K_0(s)$	$\begin{cases} 0 & \text{für } t<1 \\ \dfrac{1}{\sqrt{t^2-1}} & \text{für } t>1 \end{cases}$	0
2	$S_{0,0}(s)$	$\dfrac{1}{\sqrt{t^2+1}}$	0
3	$S_{0,\nu}(s)$	$\dfrac{1}{\sqrt{t^2+1}}\,\mathfrak{Cof}(\nu\,\mathfrak{Ar\,Sin}\,t) = \dfrac{(\sqrt{t^2+1}+t)^\nu+(\sqrt{t^2+1}-t)^\nu}{2\sqrt{t^2+1}}$	0
4	$O_n(s)$	$\dfrac{1}{2}\left[(t+\sqrt{t^2+1})^n+(t-\sqrt{t^2+1})^n\right]$	0
5	$I_0(s)-\mathcal{L}_0(s)$	$\begin{cases} \dfrac{2}{\pi\sqrt{1-t^2}} & \text{für } t<1 \\ 0 & \text{für } t>1 \end{cases}$	$-\infty$
6	$S_n(s)$	$\dfrac{1}{\sqrt{t^2+1}}\left[(t+\sqrt{t^2+1})^n-(t-\sqrt{t^2+1})^n\right]$	0
7	$K_\nu(s)$	$\begin{cases} 0 & \text{für } t<1 \\ \dfrac{\mathfrak{Cof}(\nu\,\mathfrak{Ar\,Cof}\,t)}{\sqrt{t^2-1}} = \dfrac{(t+\sqrt{t^2-1})^\nu+(t-\sqrt{t^2-1})^\nu}{2\sqrt{2t^2-1}} & \text{für } t>1 \end{cases}$	0
8	$I_\nu\!\left(\dfrac{1}{s}\right)\cdot\,\Re\nu>0$	$\sqrt{\dfrac{2}{t}}\left(\mathrm{ber}_\nu\sqrt{2t}\ \mathrm{ber}'_\nu\sqrt{2t}+\mathrm{bei}_\nu\sqrt{2t}\ \mathrm{bei}'_\nu\sqrt{2t}\right)$	0
9	$S_{-1,\nu}(s)$	$\dfrac{\mathfrak{Sin}(\nu\,\mathfrak{Ar\,Sin}\,t)}{\nu\sqrt{t^2+1}} = \dfrac{(\sqrt{t^2+1}+t)^\nu-(\sqrt{t^2+1}-t)^\nu}{2\nu\sqrt{t^2+1}}$	0

10	$E_0(s) + N_0(s)$	$-\dfrac{2}{\pi\sqrt{t^2+1}}$	0
11	$E_\nu(s) + N_\nu(s)$	$-\dfrac{(\sqrt{t^2+1}+t)^\nu + \cos\nu\pi\,(\sqrt{t^2+1}-t)^\nu}{\pi\sqrt{t^2+1}}$	0
12	$I_{-\nu}(s) - I_\nu(s)$	$\begin{cases} 0 & \text{für } t < 1 \\[4pt] \dfrac{2\sin\nu\pi\,\mathfrak{Cof}(\nu\,\mathfrak{Ar\,Cof}\,t)}{\pi\sqrt{t^2-1}} & \text{für } t > 1 \end{cases}$	0
13	$N_{-1}(\alpha\sqrt{s}) - \mathfrak{H}_{-1}(\alpha\sqrt{s})$	$\dfrac{\alpha}{4\pi t}\,\dfrac{e^{\frac{\alpha^2}{8t}}}{\sqrt{\pi t}}\left[K_1\!\left(\dfrac{\alpha^2}{8t}\right) - K_0\!\left(\dfrac{\alpha^2}{8t}\right)\right]$	0
14	$\mathfrak{H}_0(s) - N_0(s)$	$\dfrac{2}{\pi\sqrt{t^2+1}}$	0
15	$\mathfrak{H}_1(s) - N_1(s)$	$\dfrac{2(t+\sqrt{t^2+1})}{\pi\sqrt{t^2+1}}$	0
16	$J_\nu(s) - \mathfrak{J}_\nu(s)$	$\dfrac{\sin\nu\pi}{\pi}\,\dfrac{(\sqrt{t^2+1}-t)^\nu}{\sqrt{t^2+1}}$	0
17	$s^n I_\nu\!\left(\dfrac{2}{s}\right),\ \Re\nu > n$	$\dfrac{d^{n+1}}{dt^{n+1}}\left(\mathrm{ber}_\nu^2\,2\sqrt{t} + \mathrm{bei}_\nu^2\,2\sqrt{t}\right)$	0
18	$\dfrac{1}{s}K_0(as)$	$\begin{cases} \mathfrak{Ar\,Cof}\dfrac{t}{\alpha} & \text{für } t > a \\[4pt] 0 & \text{für } t < a \end{cases}$	0
19	$\dfrac{1}{s}S_{0,\nu}(s)$	$\dfrac{1}{\nu}\mathfrak{Sin}(\nu\,\mathfrak{Ar\,Sin}\,t) - \dfrac{1}{2\nu}\left[(\sqrt{t^2+1}+t)^\nu - (\sqrt{t^2+1}-t)^\nu\right]$	0
20	$\dfrac{1}{s}I_0(\log s)$	$\dfrac{1}{\pi}\displaystyle\int_0^2 \dfrac{t^{x-1}\,dx}{\Gamma(x)\sqrt{x(2-x)}}$	$-\infty$

9.   **Zylinderfunktionen**

21	$\dfrac{1}{s}K_\nu(s)$	$\begin{cases} 0 & \text{für } t<1 \\[4pt] \dfrac{1}{\pi}\operatorname{Sin}(\nu\,\operatorname{Ar}\operatorname{Cof}t)=\dfrac{1}{2\nu}\left[(t+\sqrt{t^2-1})^\nu-(t-\sqrt{t^2-1})^\nu\right] & \\ & \text{für } t>1 \end{cases}$	0
22	$\dfrac{1}{s}S_{1,\nu}(s)$	$\operatorname{Cof}(\nu\,\operatorname{Ar}\operatorname{Sin}t)=\dfrac{1}{2}\left[(\sqrt{t^2+1}+t)^\nu+(\sqrt{t^2+1}-t)^\nu\right]$	0
23	$\dfrac{1}{s}Y_\nu\!\left(\dfrac{1}{s}\right),\ R\nu>-1$	$J_\nu(\sqrt{2t})\,I_\nu(\sqrt{2t})$	0
24	$\dfrac{1}{s}I_\nu\!\left(\dfrac{1}{s}\right),\ R\nu>-1$	$J_\nu(\sqrt{-2it})\,J_\nu(\sqrt{2it})$	0
25	$\dfrac{1}{s}S_{2,\nu}(s)-1$	$(\nu-\tfrac{1}{\nu})\operatorname{Sin}(\nu\,\operatorname{Ar}\operatorname{Sin}t)$ $=\dfrac{1}{2}(\nu-\tfrac{1}{\nu})\left[(\sqrt{t^2+1}+t)^\nu-(\sqrt{t^2+1}-t)^\nu\right]$	0
26	$\dfrac{1}{s}\left[I_0(s)-\mathcal{L}_0(s)\right]$	$\begin{cases}\dfrac{2}{\pi}\arcsin t & \text{für } t<1 \\[4pt] 0 & \text{für } t>1\end{cases}$	0
27	$\dfrac{1}{s}\left[H_0(s)-N_0(s)\right]$	$\dfrac{2}{\pi}\operatorname{Ar}\operatorname{Sin}t$	0
28	$\dfrac{1}{s^2}S_{2,0}(s)$	$\sqrt{1+t^2}-t\,\operatorname{Ar}\operatorname{Sin}t$	0
29	$\dfrac{1}{s^2}S_{2,\nu}(s)$	$1+(\nu-\tfrac{1}{\nu})\displaystyle\int_0^t\operatorname{Sin}(\nu\,\operatorname{Ar}\operatorname{Sin}\tau)\,d\tau$	0
30	$s^{\nu}K_\nu(a\sqrt{s}),\ a>0$	$\dfrac{a^\nu e^{-\frac{a^2}{4t}}}{(2t)^{\nu+1}}$	0

31	$s^{\nu}\left[\mathfrak{H}_{-\nu}(s)-N_{-\nu}(s)\right]$ $-\frac{1}{2}<\Re\nu<\frac{3}{2}$	$\dfrac{2^{\nu+1}\Gamma\left(\nu+\frac{1}{2}\right)\cos\nu\pi}{\pi\sqrt{\pi}\left(\sqrt{t^2+1}\right)^{2\nu+1}}$	0
32	$s^{\frac{\nu-1}{2}}\left[\mathfrak{H}_{-\nu}(a\sqrt{s})-N_{-\nu}(a\sqrt{s})\right]$ $-\frac{1}{2}<\Re\nu<2,\ a>0$	$\dfrac{(2a)^{\nu}\Gamma\left(\nu+\frac{1}{2}\right)}{\sqrt{t}}\displaystyle\int_0^{\infty}\dfrac{e^{-\frac{\tau^2}{4t}}}{(\tau^2+a^2)^{\nu+\frac{1}{2}}}\,d\tau$	0
33	$\dfrac{1}{\sqrt{s}}K_{2\nu}(\alpha\sqrt{s})$	$\dfrac{e^{-\frac{\alpha^2}{8t}}}{2\sqrt{\pi t}}K_{\nu}\!\left(\dfrac{\alpha^2}{8t}\right)$	0
34	$\dfrac{1}{\sqrt{s}}\left[I_{\frac{1}{4}}(\alpha\sqrt{s})-\mathcal{L}_{\frac{1}{4}}(\alpha\sqrt{s})\right]$	$\dfrac{1}{\alpha}\dfrac{e^{-\frac{\alpha^2}{8t}}}{\sqrt{2\pi t}}\left[I_{\frac{1}{4}}\!\left(\dfrac{\alpha^2}{8t}\right)-I_{-\frac{1}{4}}\!\left(\dfrac{\alpha^2}{8t}\right)\right]+\dfrac{\Gamma\left(\frac{1}{4}\right)}{\pi\sqrt{\alpha\pi}\,\sqrt[4]{t}}$	0
35	$\dfrac{1}{\sqrt{s}}\left[I_0(\alpha\sqrt{s})-\mathcal{L}_0(\alpha\sqrt{s})\right],\ \Re\alpha>0$	$\dfrac{e^{-\frac{\alpha^2}{8t}}}{\sqrt{\pi t}}I_0\!\left(\dfrac{\alpha^2}{8t}\right)$	0
36	$\dfrac{1}{\sqrt{s}}\left[\mathfrak{H}_0(\alpha\sqrt{s})-N_0(\alpha\sqrt{s})\right]$	$\dfrac{2}{\pi}\dfrac{e^{\frac{\alpha^2}{8t}}}{\sqrt{\pi t}}K_0\!\left(\dfrac{\alpha^2}{8t}\right)$	0
37	$\dfrac{K_{\frac{1}{2}}\left(b\sqrt{s^2+\alpha^2}\right)}{\sqrt[4]{s^2+\alpha^2}}\quad b\geq 0$	$\begin{cases}0 & \text{für } t<b\\[4pt] \sqrt{\dfrac{\pi}{2t}}\,J_0\!\left(\alpha\sqrt{t^2-b^2}\right) & \text{für } t>b\end{cases}$	0
38	$\dfrac{K_1\left(b\sqrt{s^2+\alpha^2}\right)}{\sqrt{s^2+\alpha^2}}$	$\begin{cases}0 & \text{für } t<b\\[4pt] \dfrac{1}{\alpha b}\sin\!\left(\alpha\sqrt{t^2-b^2}\right) & \text{für } t>b\end{cases}$	$\lvert\Im\alpha\rvert$
39	$\dfrac{1}{s^{\nu}}K_{\nu}(as)\ ,\ \Re\nu\geq 0$	$\begin{cases}0 & \text{für } t<a\\[4pt] \dfrac{\sqrt{\pi}}{(2a)^{\nu}\Gamma\left(\nu+\frac{1}{2}\right)}(t^2-a^2)^{\nu-\frac{1}{2}} & \text{für } t>a\end{cases}$	0
40	$\dfrac{I_{\nu}(s)-\mathcal{L}_{\nu}(s)}{s^{\nu}}$ $\Re\nu>-\frac{1}{2}$	$\begin{cases}\dfrac{(1-t^2)^{\nu-\frac{1}{2}}}{2^{\nu-1}\sqrt{\pi}\,\Gamma\left(\nu+\frac{1}{2}\right)} & \text{für } t<1\\[4pt] 0 & \text{für } t>1\end{cases}$	$-\infty$

41	$\dfrac{K_{\nu+\frac{1}{2}}(s)}{s^{\mu+\frac{1}{2}}}$	$\begin{cases} 0 & \text{für } t<1 \\ \sqrt{\frac{\pi}{2}}\,(t^2-1)^{\frac{\mu}{2}}\,P_\nu^{-\mu}(t) & \text{für } t>1 \end{cases}$	0
42	$\dfrac{\mathcal{J}_\nu\!\left(\frac{1}{\sqrt{s}}\right)}{s^{\mu-\frac{\nu}{2}+1}}$, $\Re\mu>-1$	$(2t)^{\frac{2\mu-\nu}{3}}\,\mathcal{J}_{\mu,\nu}\!\left(3\sqrt[3]{\frac{t}{4}}\right)$	0
43	$\dfrac{K_{\nu+\frac{1}{2}}\!\left(b\sqrt{s^2+\alpha^2}\right)}{\left(\sqrt{s^2+\alpha^2}\right)^{\nu+\frac{1}{2}}}$, $b>0$	$\begin{cases} 0 & \text{für } t<b \\ \sqrt{\frac{\pi}{2b}}\left(\frac{\sqrt{t^2-b^2}}{\alpha b}\right)^{\nu}\mathcal{J}_\nu\!\left(\alpha\sqrt{t^2-b^2}\right) & \text{für } t>b \end{cases}$	$|\Im\alpha|$
44	$e^{s}K_0(s)$	$\dfrac{1}{\sqrt{t(t+2)}}$	0
45	$e^{-s}I_0(s)$	$\begin{cases} \dfrac{1}{\pi\sqrt{t(2-t)}} & \text{für } t<2 \\ 0 & \text{für } t>2 \end{cases}$	$-\infty$
46	$e^{s^2}K_0(s^2)$	$\sqrt{\frac{\pi}{2}}\,e^{-\frac{t^2}{4}}\,I_0\!\left(\frac{t^2}{4}\right)$	0
47	$\frac{1}{s}e^{as}K_0(as)$	$\operatorname{Ar}\operatorname{\mathcal{C}of}\!\left(\frac{t}{a}+1\right)$	0
48	$\frac{1}{s}e^{\frac{1}{s}}I_\nu\!\left(\frac{1}{s}\right)$, $\Re\nu>-1$	$I_\nu^2(\sqrt{2t})$	0
49	$\frac{1}{s}e^{-\frac{1}{s}}I_\nu\!\left(\frac{1}{s}\right)$, $\Re\nu>-1$	$\mathcal{J}_\nu^2(\sqrt{2t})$	0
50	$\frac{1}{s}e^{-\frac{\alpha^2+\beta^2}{2s}}I_{-\frac{1}{2}}\!\left(\frac{\alpha\beta}{2}\right)$	$\dfrac{\sqrt{2}}{\pi}\,\dfrac{\cos\alpha\sqrt{2t}\,\cos\beta\sqrt{2t}}{\sqrt{\alpha\beta t}}$	0
51	$\frac{1}{s}e^{-\frac{\alpha^2+\beta^2}{2s}}I_{\frac{1}{2}}\!\left(\frac{\alpha\beta}{2}\right)$	$\dfrac{\sqrt{2}}{\pi}\,\dfrac{\sin\alpha\sqrt{2t}\,\sin\beta\sqrt{2t}}{\sqrt{\alpha\beta t}}$	0

52	$\dfrac{1}{s}\,e^{-\frac{\alpha^2-\beta^2}{s}}\,Y_\nu\!\left(\frac{2\alpha\beta}{s}\right)$ $\mathcal{R}\nu>-1$	$Y_\nu(2\alpha\sqrt{t})\,I_\nu(2\beta\sqrt{t})$	0
53	$\dfrac{1}{s}\,e^{\frac{\alpha^2-\beta^2}{s}}\,Y_\nu\!\left(\frac{2\alpha\beta}{s}\right)$ $\mathcal{R}\nu>-1$	$I_\nu(2\alpha\sqrt{t})\,Y_\nu(2\beta\sqrt{t})$	0
54	$\dfrac{1}{s}\,e^{-\frac{\alpha^2+\beta^2}{s}}\,I_\nu\!\left(\frac{2\alpha\beta}{s}\right)$ $\mathcal{R}\nu>-1$	$Y_\nu(2\alpha\sqrt{t})\,Y_\nu(2\beta\sqrt{t})$	0
55	$\dfrac{1}{s}\,e^{\frac{\alpha^2+\beta^2}{s}}\,I_\nu\!\left(\frac{2\alpha\beta}{s}\right)$ $\mathcal{R}\nu>-1$	$I_\nu(2\alpha\sqrt{t})\,I_\nu(2\beta\sqrt{t})$	0
56	$\dfrac{1}{s}\,e^{-\frac{1}{s^2}}\,I_\nu\!\left(\frac{1}{s^2}\right),\ \mathcal{R}\nu>0$	$\dfrac{2^{\frac{7}{6}}}{\sqrt[3]{t}}\,\mathcal{J}'_{2\nu,\nu}\!\left(3\sqrt[3]{\frac{t^2}{2}}\right)$	0
57	$\dfrac{1}{s^2}\,e^{-\frac{1}{s^2}}\,I_\nu\!\left(\frac{1}{s^2}\right),\ \mathcal{R}\nu>-1$	$\sqrt{2}\,\mathcal{J}^u_{2\nu,\nu}\!\left(3\sqrt[3]{\frac{t^2}{2}}\right)$	0
58	$\dfrac{1}{\sqrt{s}}\,e^{-\frac{1}{s}}\,K_0\!\left(\frac{1}{s}\right)$	$-\sqrt{\dfrac{\pi}{t}}\,N_0(2\sqrt{2t})$	0
59	$\dfrac{1}{\sqrt{s}}\,e^{\frac{1}{s}}\,K_0\!\left(\frac{1}{s}\right)$	$\dfrac{K_0(2\sqrt{2t})}{\sqrt{\pi t}}$	0
60	$\dfrac{1}{\sqrt{s}}\,e^{-\frac{1}{s}}\,I_{-\frac{1}{4}}\!\left(\frac{1}{s}\right)$	$\dfrac{\cos 2\sqrt{2t}}{\pi\sqrt[4]{2t^3}}$	0
61	$\dfrac{1}{\sqrt{s}}\,e^{-\frac{1}{s}}\,I_{\frac{1}{4}}\!\left(\frac{1}{s}\right)$	$\dfrac{\sin 2\sqrt{2t}}{\pi\sqrt[4]{2t^3}}$	0

62	$\dfrac{1}{\sqrt{s}}\,e^{\frac{1}{s}}\,I_{-\frac{1}{4}}\!\left(\frac{1}{s}\right)$	$\dfrac{\operatorname{Cof}2\sqrt{2t}}{\pi\sqrt[4]{2t^3}}$	0
63	$\dfrac{1}{\sqrt{s}}\,e^{\frac{1}{s}}\,I_{\frac{1}{4}}\!\left(\frac{1}{s}\right)$	$\dfrac{\operatorname{Sin}2\sqrt{2t}}{\pi\sqrt[4]{2t^3}}$	0
64	$\dfrac{1}{\sqrt{s}}\,e^{\frac{1}{s}}\,I_{\frac{3}{4}}\!\left(\frac{1}{s}\right)$	$\dfrac{\operatorname{Cof}\sqrt{8t}}{\pi\sqrt[4]{2t^3}}-\dfrac{\operatorname{Sin}\sqrt{8t}}{2\pi t\sqrt[4]{8t}}$	0
65	$\dfrac{1}{\sqrt{s}}\,e^{\frac{1}{s}}\,I_{-\frac{3}{4}}\!\left(\frac{1}{s}\right)$	$\dfrac{\operatorname{Sin}\sqrt{8t}}{\pi\sqrt[4]{2t^3}}-\dfrac{\operatorname{Cof}\sqrt{8t}}{2\pi t\sqrt[4]{8t}}$	0
66	$\dfrac{1}{\sqrt{s}}\,e^{-\frac{1}{s}}\,I_{\frac{1}{4}}\!\left(\frac{1}{s}\right)$	$\dfrac{\sin\sqrt{8t}}{2\pi t\sqrt[4]{8t}}-\dfrac{\cos\sqrt{8t}}{\pi\sqrt[4]{2t^3}}$	0
67	$\dfrac{1}{\sqrt{s}}\,e^{-\frac{1}{s}}\,I_{-\frac{1}{4}}\!\left(\frac{1}{s}\right)$	$-\dfrac{\sin\sqrt{8t}}{\pi\sqrt[4]{2t^3}}-\dfrac{\cos\sqrt{8t}}{2\pi t\sqrt[4]{8t}}$	0
68	$\dfrac{1}{\sqrt{s}}\,e^{\frac{1}{s}}\,I_{-\frac{5}{4}}\!\left(\frac{1}{s}\right)$	$\left(\dfrac{3}{8t}+1\right)\dfrac{\operatorname{Cof}\sqrt{8t}}{\pi\sqrt[4]{2t^3}}-\dfrac{3\operatorname{Sin}\sqrt{8t}}{2\pi t\sqrt[4]{8t}}$	0
69	$\dfrac{1}{\sqrt{s}}\,e^{-\frac{1}{s}}\,I_{-\frac{5}{4}}\!\left(\frac{1}{s}\right)$	$\left(\dfrac{3}{8t}-1\right)\dfrac{\cos\sqrt{8t}}{\pi\sqrt[4]{2t^3}}+\dfrac{3\sin\sqrt{8t}}{2\pi t\sqrt[4]{8t}}$	0
70	$\dfrac{1}{\sqrt{s}}\,e^{\frac{1}{s}}\,I_{\frac{5}{4}}\!\left(\frac{1}{s}\right)$	$\left(\dfrac{3}{8t}+1\right)\dfrac{\operatorname{Sin}\sqrt{8t}}{\pi\sqrt[4]{2t^3}}-\dfrac{3\operatorname{Cof}\sqrt{8t}}{2\pi t\sqrt[4]{8t}}$	0
71	$\dfrac{1}{\sqrt{s}}\,e^{-\frac{1}{s}}\,I_{\frac{5}{4}}\!\left(\frac{1}{s}\right)$	$\left(\dfrac{3}{8t}-1\right)\dfrac{\sin\sqrt{8t}}{\pi\sqrt[4]{2t^3}}-\dfrac{3\cos\sqrt{8t}}{2\pi t\sqrt[4]{8t}}$	0
72	$\dfrac{1}{\sqrt{s}}\,e^{-\frac{1}{s}}\,I_{\nu}\!\left(\frac{1}{s}\right),\ \Re\nu>-\frac{1}{2}$	$\dfrac{J_{2\nu}(\sqrt{8t})}{\sqrt{\pi t}}$	0

73	$\dfrac{1}{\sqrt{s}}\,e^{\frac{1}{s}}\,I_\nu\!\left(\dfrac{1}{s}\right)$ $\Re\nu>-\dfrac{1}{2}$	$\dfrac{I_{2\nu}(\sqrt{8t})}{\sqrt{\pi t}}$	0
74	$\dfrac{1}{\sqrt{s}}\,e^{-\frac{\alpha^2}{8s}}\,I_\nu\!\left(\dfrac{\alpha^2}{8s}\right)$ $\Re\nu>-\dfrac{1}{2}$	$\dfrac{1}{\sqrt{\pi t}}\,J_{2\nu}(\alpha\sqrt{t})$	0
75	$\dfrac{1}{\sqrt{s}}\,e^{-\frac{\alpha^2}{8s}}\,K_\nu\!\left(\dfrac{\alpha^2}{8s}\right)$ $\Re\nu<\dfrac{1}{2}$	$-\sqrt{\dfrac{\pi}{t}}\left[\cos\nu\pi\,N_{2\nu}(\alpha\sqrt{t})+\sin\nu\pi\,J_{2\nu}(\alpha\sqrt{t})\right]$	0
76	$\dfrac{1}{\sqrt{s}}\,e^{-\frac{\alpha^2}{8s}}\left[\sin\nu\pi\,I_\nu\!\left(\dfrac{\alpha^2}{8s}\right)+\dfrac{1}{\pi}K_\nu\!\left(\dfrac{\alpha^2}{8s}\right)\right]$ $|\Re\nu|<\dfrac{1}{2}$	$-\dfrac{\cos\nu\pi}{\sqrt{\pi t}}\,N_{2\nu}(\alpha\sqrt{t})$	0
77	$\dfrac{e^{bs}\,K_{\frac{1}{4}}(b\sqrt{s^2+\alpha^2})}{\sqrt[4]{s^2+\alpha^2}}$	$\sqrt{\dfrac{\pi}{2b}}\,J_0\!\left(\alpha\sqrt{t(t+2b)}\right)$	$|\Im\alpha|$
78	$\dfrac{1}{s\sqrt{s}}\,e^{\frac{1}{s}}\,I_\nu\!\left(\dfrac{1}{s}\right)$ $\Re\nu>-\dfrac{3}{2}$	$\displaystyle\int_0^t\frac{I_{2\nu}(\sqrt{8\tau})\,d\tau}{\sqrt{\pi\tau}}=\frac{1}{\sqrt{\pi}}\sum_{k=0}^{\infty}I_{2\nu+2k+1}(\sqrt{8t})$	0
79	$\dfrac{1}{s\sqrt{s}}\,e^{-\frac{1}{s}}\,I_\nu\!\left(\dfrac{1}{s}\right)$ $\Re\nu>-\dfrac{3}{2}$	$\displaystyle\int_0^t\frac{J_{2\nu}(\sqrt{8\tau})\,d\tau}{\sqrt{\pi\tau}}=\frac{1}{\sqrt{\pi}}\sum_{k=0}^{\infty}J_{2\nu+2k+1}(\sqrt{8t})$	0
80	$\dfrac{e^{\frac{1}{s}}}{s\sqrt{s}}\left[I_{\nu-\frac{1}{2}}\!\left(\dfrac{1}{s}\right)-I_{\nu+\frac{1}{2}}\!\left(\dfrac{1}{s}\right)\right]$	$\sqrt{\dfrac{2}{\pi}}\,I_\nu(\sqrt{8t})$	0
81	$\dfrac{e^{-\frac{1}{s}}}{s\sqrt{s}}\left[I_{\nu-\frac{1}{2}}\!\left(\dfrac{1}{s}\right)-I_{\nu+\frac{1}{2}}\!\left(\dfrac{1}{s}\right)\right]$	$\sqrt{\dfrac{2}{\pi}}\,J_\nu(\sqrt{8t})$	0

82	$\dfrac{e^{\alpha s}K_\nu(\alpha s)}{s^\nu}$, $\ \Re\nu\geqq 0$	$\dfrac{\sqrt{\pi}\,(t^2+2\alpha t)^{\nu-\frac12}}{(2\alpha)^\nu\,\Gamma(\nu+\frac12)}$	0
83	$\dfrac{H_\nu^{(1)}(s)\,e^{-is}}{s^\nu}$, $\ \Re\nu>-\tfrac12$	$\dfrac{2^{\nu+1}\Gamma(\nu+1)}{i\pi\,\Gamma(2\nu+1)}\big[t(t-2i)\big]^{\nu-\frac12}$	0
84	$\dfrac{H_\nu^{(2)}(s)\,e^{is}}{s^\nu}$, $\ \Re\nu>-\tfrac12$	$\dfrac{i\,2^{\nu+1}\Gamma(\nu+1)}{\pi\,\Gamma(2\nu+1)}\big[t(t+2i)\big]^{\nu-\frac12}$	0
85	$\dfrac1s I_\nu\!\big(\tfrac1s\big)\,\mathfrak{Cof}\,\tfrac1s$, $\ \Re\nu>-1$	$\dfrac12\big[I_\nu^2(\sqrt{2t})+Y_\nu^2(\sqrt{2t})\big]$	ζ
86	$\dfrac1s I_\nu\!\big(\tfrac1s\big)\,\mathfrak{Sin}\,\tfrac1s$, $\ \Re\nu>-1$	$\dfrac12\big[I_\nu^2(\sqrt{2t})-Y_\nu^2(\sqrt{2t})\big]$	0
87	$\dfrac1s I_\nu\!\big(\tfrac{2\alpha\beta}{s}\big)\,\mathfrak{Cof}\,\tfrac{\alpha^2+\beta^2}{s}$ $\Re\nu>-1$	$\dfrac12\big[I_\nu(2\beta\sqrt t)\,I_\nu(2\sqrt{\alpha\beta t})+Y_\nu(2\beta\sqrt t)\,Y_\nu(2\sqrt{\alpha\beta t})\big]$	0
88	$\dfrac1s I_\nu\!\big(\tfrac{2\alpha\beta}{s}\big)\,\mathfrak{Sin}\,\tfrac{\alpha^2+\beta^2}{s}$ $\Re\nu>-1$	$\dfrac12\big[I_\nu(2\beta\sqrt t)\,I_\nu(2\sqrt{\alpha\beta t})-Y_\nu(2\beta\sqrt t)\,Y_\nu(2\sqrt{\alpha\beta t})\big]$	0
89	$\dfrac{J_s(\alpha)-Y_s(\alpha)}{\sin\pi s}$, $\ \Re\alpha>0$	$\dfrac1\pi\,e^{-\alpha\,\mathfrak{Sin}\,t}$	$-\infty$
90	$\dfrac{1}{s^\nu}\mathbf{L}_\nu(as)\,e^{-as}$ $a>0$, $\ \Re\nu>-\tfrac12$	$\begin{cases}\dfrac{(2at-t^2)^{\nu-\frac12}}{(2a)^\nu\sqrt\pi\,\Gamma(\nu+\frac12)} & \text{für } t<a\\[2mm] -\dfrac{(2at-t^2)^{\nu-\frac12}}{(2a)^\nu\sqrt\pi\,\Gamma(\nu+\frac12)} & \text{für } a<t<2a\\[2mm] 0 & \text{für } t>2a\end{cases}$	$-\infty$
91	$\dfrac{1}{s^\nu}I_\nu(as)\,e^{-as}$ $a>0$, $\ \Re\nu>-\tfrac12$	$\begin{cases}\dfrac{(2at-t^2)^{\nu-\frac12}}{(2a)^\nu\sqrt\pi\,\Gamma(\nu+\frac12)} & \text{für } t<2a\\[2mm] 0 & \text{für } t>2a\end{cases}$	$-\infty$

9.

92	$\dfrac{1}{\sqrt{s}}\operatorname{Ci}\dfrac{1}{s}\,I_{\frac{1}{4}}\!\left(\dfrac{1}{s}\right)$	$\dfrac{\operatorname{Si}\sqrt{8t}+\sin\sqrt{8t}}{2\pi\sqrt[4]{2t^3}}$	0
93	$\dfrac{1}{\sqrt{s}}\operatorname{Si}\dfrac{1}{s}\,I_{\frac{1}{4}}\!\left(\dfrac{1}{s}\right)$	$\dfrac{\operatorname{Si}\sqrt{8t}-\sin\sqrt{8t}}{2\pi\sqrt{2t^3}}$	0
94	$\dfrac{1}{\sqrt{s}}\operatorname{Si}\dfrac{1}{s}\,I_{-\frac{1}{4}}\!\left(\dfrac{1}{s}\right)$	$\dfrac{\operatorname{Ci}\sqrt{8t}-\cos\sqrt{8t}}{2\pi\sqrt[4]{2t^3}}$	0
95	$\dfrac{1}{\sqrt{s}}\operatorname{Ci}\dfrac{1}{s}\,I_{-\frac{1}{4}}\!\left(\dfrac{1}{s}\right)$	$\dfrac{\operatorname{Ci}\sqrt{8t}+\cos\sqrt{8t}}{2\pi\sqrt[4]{2t^3}}$	0
96	$\dfrac{1}{\sqrt{s}}\operatorname{Ci}\dfrac{1}{s}\,I_{\nu}\!\left(\dfrac{1}{s}\right)$ $\mathcal{R}\nu>-\tfrac{1}{2}$	$\dfrac{1}{2\sqrt{\pi t}}\left[I_{2\nu}(\sqrt{8t})+Y_{2\nu}(\sqrt{8t})\right]$	0
97	$\dfrac{1}{\sqrt{s}}\operatorname{Si}\dfrac{1}{s}\,I_{\nu}\!\left(\dfrac{1}{s}\right)$ $\mathcal{R}\nu>-\tfrac{1}{2}$	$\dfrac{1}{2\sqrt{\pi t}}\left[I_{2\nu}(\sqrt{8t})-Y_{2\nu}(\sqrt{8t})\right]$	0
98	$\dfrac{1}{\sqrt{s}}\operatorname{Ci}\dfrac{1}{s}\,K_{0}\!\left(\dfrac{1}{s}\right)$	$\dfrac{1}{\sqrt{\pi t}}\left[K_{0}(\sqrt{8t})-\dfrac{\pi}{2}N_{0}(\sqrt{8t})\right]$	0
99	$\dfrac{1}{\sqrt{s}}\operatorname{Si}\dfrac{1}{s}\,K_{0}\!\left(\dfrac{1}{s}\right)$	$\dfrac{1}{\sqrt{\pi t}}\left[K_{0}(\sqrt{8t})+\dfrac{\pi}{2}N_{0}(\sqrt{8t})\right]$	0
100	$\dfrac{I_{1}(as)}{s\,\operatorname{Sin}as}$	$\dfrac{2}{a\pi}\sqrt{2a(t-2ak)-(t-2ak)^{2}}$ $\text{für } 2ak<t<2a(k+1)\ ,\ k=0,1,2,\dots$	0
101	$\dfrac{I_{\nu}(as)}{s^{\nu}\,\operatorname{Sin}as}$ $a>0\,,\ \mathcal{R}\nu>-\tfrac{1}{2}$	$\dfrac{1}{\pi}\left(\dfrac{2}{a}\right)^{\nu}\dfrac{\Gamma(\nu)}{\Gamma(2\nu)}\left[2a(t-2ak)-(t-2ak)^{2}\right]^{\nu-\frac{1}{2}}$ $\text{für } 2ak<t<2a(k+1)\ ,\ k=0,1,2,\dots$	0

9.   Zylinderfunktionen

102	$\dfrac{L_\nu(as)}{s^\nu \sin as}$ $a>0,\ \Re\nu>-\tfrac{1}{2}$	$\begin{cases} \dfrac{1}{\pi}\left(\dfrac{2}{a}\right)^{\nu}\dfrac{\Gamma(\nu)}{\Gamma(2\nu)}\left[2a(t-2ak)-(t-2ak)^2\right]^{\nu-\frac{1}{2}} \\[4pt] \qquad \text{für } 2ak<t<(2k+1)a \\[6pt] -\dfrac{1}{\pi}\left(\dfrac{2}{a}\right)^{\nu}\dfrac{\Gamma(\nu)}{\Gamma(2\nu)}\left[2a(t-2ak)-(t-2ak)^2\right]^{\nu-\frac{1}{2}} \\[4pt] \qquad \text{für } (2k+1)a<t<(2k+2)a \\[4pt] \qquad k=0,1,2,\dots \end{cases}$	0
103	$\dfrac{I_\nu(s)-L_\nu(\nu)}{s^\nu \sin\frac{1}{2}}$ $\Re\nu>-\tfrac{1}{2}$	$\begin{cases} 0 & \text{für } t<\tfrac{1}{2} \\[6pt] \dfrac{2^{\nu+1}\Gamma(\nu)}{\pi\,\Gamma(2\nu)}\left[\dfrac{3}{4}+t-k-(t-k)^2\right]^{\nu-\frac{1}{2}} \\[4pt] \qquad \text{für } \dfrac{2k+1}{2}<t<\dfrac{2k+3}{2},\quad k=0,1,2,\dots \end{cases}$	0
104	$K_s\!\left(\tfrac{\alpha}{2}\right)I_s\!\left(\tfrac{\alpha}{2}\right)$ $\Re\alpha>0$	$\dfrac{1}{2}J_0\!\left(\alpha\sin\tfrac{t}{2}\right)$	$\lvert\Im\alpha\rvert$
105	$I_0(\alpha\sqrt{s})\,K_0(\alpha\sqrt{s})$	$\dfrac{e^{-\frac{\alpha^2}{2t}}}{2t}\,I_0\!\left(\dfrac{\alpha^2}{2t}\right)$	0
106	$K_\nu(\sqrt{s}+\sqrt{s-1})\,K_\nu(\sqrt{s}-\sqrt{s-1})$	$\dfrac{1}{2t}\,e^{\frac{t}{2}-\frac{1}{t}}\,K_\nu\!\left(\dfrac{t}{2}\right)$	1
107	$J_s(\alpha)\dfrac{\partial N_s(\alpha)}{\partial s}-N_s(\alpha)\dfrac{\partial J_s(\alpha)}{\partial s}$ $\Re\alpha>0$	$-\dfrac{2}{\pi}\,K_0\!\left(2\alpha\sin\tfrac{t}{2}\right)$	$-\infty$
108	$I_{\frac{1}{2}}\!\left[\tfrac{b}{2}\left(\sqrt{s^2+\alpha^2}-s\right)\right]K_{\frac{1}{2}}\!\left[\tfrac{b}{2}\left(\sqrt{s^2+\alpha^2}+s\right)\right]$ $b>0$	$\begin{cases} 0 & \text{für } t<b \\[6pt] \dfrac{J_\nu\!\left(\alpha\sqrt{t^2-b^2}\right)}{\sqrt{t^2-b^2}} & \text{für } t>b \end{cases}$	$\lvert\Im\alpha\rvert$

Nr.	$f(s)$	$F(t)$	K.A.
1	$P_\nu(s)$	$-\sqrt{\frac{2}{\pi}}\,\frac{\sin\nu\pi}{\pi}\,\frac{K_{\nu+\frac{1}{2}}(t)}{\sqrt{t}}$, $\quad -1<\Re\nu<0$	-1
2	$Q_\nu(s)$	$\sqrt{\frac{\pi}{2t}}\,I_{\nu+\frac{1}{2}}(t)$, $\quad \Re\nu>-1$	1
3	$Q_\nu(\alpha s)$	$\sqrt{\frac{\pi}{2\alpha t}}\,I_{\nu+\frac{1}{2}}\!\left(\frac{t}{\alpha}\right)$, $\quad \Re\nu>-1$	$\left|\Im\frac{1}{\alpha}\right|$
4	$Q_n\!\left(\sqrt{\frac{s}{\alpha}}\right)$, $\;n>0$	$\frac{n\,\Gamma(\frac{n}{2})\,e^{\frac{\alpha t}{2}}}{4\,\Gamma(n+\frac{1}{2})\,\sqrt[4]{\alpha t^3}}\,M_{-\frac{1}{4},\,\frac{n}{2}+\frac{1}{4}}(\alpha t)$	$|\Re\alpha|$
5	$Q_\nu\!\left(\frac{s^2+\alpha^2+\beta^2}{2\alpha\beta}\right)$	$\pi\sqrt{\alpha\beta}\,J_{\nu+\frac{1}{2}}(\alpha t)\,J_{\nu+\frac{1}{2}}(\beta t)$, $\quad \Re\nu>-\frac{1}{2}$	$|\Im\alpha|+|\Im\beta|$
6	$Q_s^\mu(a)$, $\;\Re\mu<\frac{1}{2}$	$\begin{cases}\dfrac{\sqrt{\frac{\pi}{2}}\left(-\sqrt{a^2-1}\right)^\mu}{\Gamma(\frac{1}{2}-\mu)}\;\dfrac{e^{-\frac{t}{2}}}{(\operatorname{Ar\,Cof}t-a)^{\mu+\frac{1}{2}}} & \text{für } t>\operatorname{Ar\,Cof}a\\[2ex] 0 & \text{für } t<\operatorname{Ar\,Cof}a\end{cases}$	$-\Re(\mu+1)$
7	$\frac{1}{s}P_\nu(s)$, $\;0<\Re\nu<1$	$-\dfrac{\sin\nu\pi}{\pi t}\,W_{0,\nu+\frac{1}{2}}(2t)$	0
8	$\frac{1}{s^{n+1}}P_n\!\left(1-\frac{1}{s}\right)$	$\dfrac{t^n}{n!}\,L_n\!\left(\frac{t}{2}\right)$	0
9	$\dfrac{(s-\alpha)^n}{s^{n+1}}P_n\!\left(\dfrac{s^2-\alpha\beta+\beta}{s(s-\alpha)}\right)$	$L_n\!\left[\left(\frac{\alpha}{2}-\sqrt{\frac{\alpha^2}{4}-\frac{\beta}{2}}\right)t\right]L_n\!\left[\left(\frac{\alpha}{2}+\sqrt{\frac{\alpha^2}{4}-\frac{\beta}{2}}\right)t\right]$	0

10. Kugelfunktionen

10	$\dfrac{1}{\sqrt{s}}\,P_n\!\left(\dfrac{1}{s}\right)$	$\dfrac{1}{i^n n!\sqrt{\pi t}}\,D_n(\sqrt{2t})\,D_n(i\sqrt{2t})$	0
11	$\dfrac{Q_\nu^\mu(s)}{(s^2-1)^{\mu/2}}=\dfrac{Q_\nu^\mu(s)}{\operatorname{Sin}^\mu(\operatorname{Ar}\operatorname{Cos} s)}$	$-\sqrt{\dfrac{\pi}{2}}\,\dfrac{\sin(\mu+\nu+1)\pi}{\sin\nu\pi}\,t^{\mu-\frac{1}{2}} I_{\nu+\frac{1}{2}}(t)$ $\Re(\mu+\nu)>-1$	1
12	$\dfrac{P_\nu^{-\mu}(s)}{(s^2-1)^{\mu/2}}$	$\sqrt{\dfrac{2}{\pi}}\,\dfrac{t^{\mu-\frac{1}{2}}K_{\nu+\frac{1}{2}}(t)}{\Gamma(\mu+\nu+1)\,\Gamma(\mu-\nu)}$ $\Re(\mu+\nu)>-1\ ,\ \ \Re(\mu-\nu)>0$	1
13	$\dfrac{P_\nu^m\!\left(\dfrac{s}{\sqrt{s^2+\alpha^2}}\right)}{\left(\sqrt{s^2+\alpha^2}\right)^{\nu+1}}$ $m>0\ ,\ \ \Re\nu>m-1$	$\dfrac{t^\nu\,J_{\nu-m}(\alpha t)}{\Gamma(\nu-m+1)}$	$|\Im\alpha|$
14	$\dfrac{(\sqrt{\alpha}-s)^n}{(\sqrt{\alpha}+s)^{n+1}}\,P_n\!\left(\sqrt{\dfrac{\beta}{\alpha^2-\beta^2}}\right)$	$\dfrac{n!}{\sqrt{\pi t}}\,D_n\!\left[2\sqrt{t\left(\dfrac{\alpha}{2}+\sqrt{\dfrac{\alpha^2-\beta}{4}}\right)}\right]D_n\!\left[2\sqrt{t\left(\dfrac{\alpha}{2}-\sqrt{\dfrac{\alpha^2-\beta}{4}}\right)}\right]$	$|\Re\alpha|$

11. Elliptische Integrale

Nr.	f(s)	F(t)	K.A.
1	$\displaystyle\int_s^\infty \frac{d\sigma}{\sqrt{(\sigma-\alpha)(\sigma-\beta)(\sigma-\gamma)}}$	$\dfrac{1}{\sqrt{\pi}\,t}\left[\dfrac{e^{\alpha t}}{\sqrt{t}} * e^{\frac{\beta+\gamma}{2}t}\, I_0\!\left(\dfrac{\beta-\gamma}{2}t\right)\right]$	Max $\mathfrak{R}\alpha,\ \mathfrak{R}\beta,\ \mathfrak{R}\gamma$
2	$\displaystyle\int_s^\infty \frac{d\sigma}{\sqrt{4\sigma^3-1}}$	$\dfrac{1}{3}\sqrt{\dfrac{\pi}{t}}\ \mathfrak{W}_{\frac{1}{6},-\frac{1}{6}}\!\left(\dfrac{-t}{\sqrt[3]{4}}\right)$	0
3	$\displaystyle\int_s^\infty \frac{\sigma\,d\sigma}{\sqrt{4\sigma^3-1}}$	$-\dfrac{1}{3\sqrt[3]{4}}\sqrt{\dfrac{\pi}{t}}\ \mathfrak{W}_{-\frac{1}{6},-\frac{5}{6}}\!\left(\dfrac{-t}{\sqrt[3]{4}}\right)$	0
4	$\displaystyle\int_0^{\frac{1}{\sqrt{s}}} \frac{d\sigma}{\sqrt{(1-\sigma^2)(1-k^2\sigma^2)}}=F\!\left(k,\arcsin\dfrac{1}{\sqrt{s}}\right)$	$\dfrac{e^t}{2\sqrt{\pi}\,t}\left[\dfrac{1}{\sqrt{t}} * e^{\left(\frac{k^2}{2}-1\right)t}\, I_0\!\left(\dfrac{k^2}{2}t\right)\right]$	0
5	$\displaystyle\int_s^\infty \frac{d\sigma}{\sqrt{\sigma^4-\alpha^4}}$	$\dfrac{1}{\alpha t}\left[J_0(\alpha t) * I_0(\alpha t)\right]$	Max $|\mathfrak{R}\alpha|,\ |\mathfrak{R}\beta|$
6	$K\!\left(\dfrac{\alpha}{s}\right)-\dfrac{\pi}{2}$	$\dfrac{\pi\alpha}{2}\, I_0\!\left(\dfrac{\alpha}{2}t\right) I_1\!\left(\dfrac{\alpha}{2}t\right)$	$|\mathfrak{R}\alpha|$
7	$s\left[K\!\left(\dfrac{\alpha}{s}\right)-E\!\left(\dfrac{\alpha}{s}\right)\right]$	$\dfrac{\pi\alpha^2}{4}\left[I_0^2\!\left(\dfrac{\alpha}{2}t\right)+I_1^2\!\left(\dfrac{\alpha}{2}t\right)\right]$	$|\mathfrak{R}\alpha|$
8	$\dfrac{s^2-\frac{\alpha^2}{2}}{s}\,K\!\left(\dfrac{\alpha}{s}\right)-s\,E\!\left(\dfrac{\alpha}{s}\right)$	$\dfrac{\pi\alpha^2}{4}\, I_1^2\!\left(\dfrac{\alpha}{2}t\right)$	$|\mathfrak{R}\alpha|$
9	$\dfrac{1}{s}\,K\!\left(\dfrac{\alpha}{s}\right)$	$\dfrac{\pi}{2}\, I_0^2\!\left(\dfrac{\alpha}{2}t\right)$	$|\mathfrak{R}\alpha|$

10	$\dfrac{s}{s^2-\alpha^2}\,E\!\left(\dfrac{\alpha}{s}\right)$	$\dfrac{\pi}{2}\,I_0\!\left(\dfrac{\alpha}{2}t\right)\left[I_0\!\left(\dfrac{\alpha}{2}t\right)+\alpha t\,I_1\!\left(\dfrac{\alpha}{2}t\right)\right]$	$\cdot\,\lvert\mathfrak{R}\alpha\rvert$
11	$\dfrac{s}{s^2-\alpha^2}\,E\!\left(\dfrac{\alpha}{s}\right)-\dfrac{1}{s}\,K\!\left(\dfrac{\alpha}{s}\right)$	$\dfrac{\pi\alpha t}{2}\,I_0\!\left(\dfrac{\alpha}{2}t\right)I_1\!\left(\dfrac{\alpha}{2}t\right)$	$\lvert\mathfrak{R}\alpha\rvert$
12	$\dfrac{s^2}{s^2-\alpha^2}\,E\!\left(\dfrac{\alpha}{s}\right)-K\!\left(\dfrac{\alpha}{s}\right)$	$\dfrac{\pi\alpha^2 t}{4}\left[I_0^{2}\!\left(\dfrac{\alpha}{2}t\right)+I_1^{2}\!\left(\dfrac{\alpha}{2}t\right)\right]$	$\lvert\mathfrak{R}\alpha\rvert$
13	$k\,K(k)$ *)	$\dfrac{\pi\alpha}{2}\,J_0^{2}\!\left(\dfrac{\alpha}{2}t\right)$	$\lvert\mathfrak{J}\alpha\rvert$
14	$k\left[K(k)-E(k)\right]$ *)	$\dfrac{\pi\alpha^2 t}{2}\,J_0\!\left(\dfrac{\alpha}{2}t\right)J_1\!\left(\dfrac{\alpha}{2}t\right)$	$\lvert\mathfrak{J}\alpha\rvert$
15	$k\,E(k)$ *)	$\dfrac{\pi\alpha}{2}\,J_0\!\left(\dfrac{\alpha}{2}t\right)\left[J_0\!\left(\dfrac{\alpha}{2}t\right)-\alpha t\,J_1\!\left(\dfrac{\alpha}{2}t\right)\right]$	$\lvert\mathfrak{J}\alpha\rvert$
16	$\dfrac{s^2+\dfrac{\alpha^2}{2}}{\sqrt{s^2+\alpha^2}}\,K(k)-\sqrt{s^2+\alpha^2}\,E(k)$ *)	$\dfrac{\pi\alpha^2}{4}\,J_1^{2}\!\left(\dfrac{\alpha}{2}t\right)$	$\lvert\mathfrak{J}\alpha\rvert$
17	$k\,B(k)=k\displaystyle\int_0^{\frac{\pi}{2}}\dfrac{\cos^2\varphi}{\sqrt{1-k^2\sin^2\varphi}}\,d\varphi$ *)	$\dfrac{\pi\alpha}{4}\left[J_0^{2}\!\left(\dfrac{\alpha}{2}t\right)-J_1^{2}\!\left(\dfrac{\alpha}{2}t\right)\right]$	$\lvert\mathfrak{J}\alpha\rvert$
18	$k\,D(k)=k\displaystyle\int_0^{\frac{\pi}{2}}\dfrac{\sin^2\varphi}{\sqrt{1-k^2\sin^2\varphi}}\,d\varphi$ *)	$\dfrac{\pi\alpha}{4}\left[J_0^{2}\!\left(\dfrac{\alpha}{2}t\right)+J_1^{2}\!\left(\dfrac{\alpha}{2}t\right)\right]$	$\lvert\mathfrak{J}\alpha\rvert$
19	$k^3\,C(k)=k^3\displaystyle\int_0^{\frac{\pi}{2}}\dfrac{\sin^2\varphi\cos^2\varphi}{(1-k^2\sin^2\varphi)^{3/2}}\,d\varphi$ *)	$\dfrac{\pi\alpha}{2}\,J_1^{2}\!\left(\dfrac{\alpha}{2}t\right)$	$\lvert\mathfrak{J}\alpha\rvert$

*) $\;k=\dfrac{\alpha}{\sqrt{s^2+\alpha^2}}$

20	$\displaystyle\int_{-\alpha}^{\alpha}\frac{du}{\sqrt{\alpha^2-u^2}\,\sqrt{\beta^2+(s+iu)^2}}$	$\pi\,J_0(\alpha t)\,J_0(\beta t)$	$\lvert\Im\alpha\rvert+\lvert\Im\beta\rvert$
21	$\displaystyle\int_{-\alpha}^{\alpha}\frac{\sqrt{\alpha^2-u^2}}{\sqrt{\beta^2+(s+iu)^2}}\,du$	$\dfrac{\pi\alpha}{t}\,J_0(\beta t)\,J_1(\alpha t)$	$\lvert\Im\alpha\rvert+\lvert\Im\beta\rvert$
22	$\displaystyle\int_{-1}^{1}\frac{(1-u^2)^{\nu-\frac12}\,du}{\big[\beta^2+(s+i\alpha u)^2\big]^{\mu+\frac12}}=\int_{0}^{\pi}\frac{\sin^{2\nu}\varphi\,d\varphi}{\big[\beta^2+(s+i\alpha\cos\varphi)^2\big]^{\mu+\frac12}}$	$\dfrac{2^{\mu+\nu}\sqrt{\pi}\,\Gamma(\nu+\frac12)}{\alpha^\nu\beta^\mu\,\Gamma(2\mu+1)}\,t^{\mu-\nu}\,J_\nu(\alpha t)\,J_\mu(\beta t)$ $\Re\mu>-\tfrac12$	$\lvert\Im\alpha\rvert+\lvert\Im\beta\rvert$
23	$\displaystyle\int_{0}^{\pi}(1+\cos\varphi)\left[\sqrt{s^2+2(1-\cos\varphi)}-s\right]d\varphi$	$\dfrac{2\pi}{t^2}\,J_1^2(t)$	0
24	$\displaystyle\int_{0}^{\frac{\pi}{2}}\frac{\cos 2n\varphi}{\sqrt{s^2+\alpha^2\cos^2\varphi}}\,d\varphi$	$\dfrac{(-1)^n\pi}{2}\,J_n^2\!\left(\tfrac{\alpha}{2}t\right)$	$\lvert\Im\alpha\rvert$
25	$\displaystyle\int_{0}^{\pi}\frac{\sin^{2\nu}\varphi}{\big[\beta^2+(s+i\alpha\cos\varphi)^2\big]^{\nu+\frac12}}\,d\varphi$	$\dfrac{\pi}{(\alpha\beta)^\nu\,\Gamma(\nu+1)}\,J_\nu(\alpha t)\,J_\nu(\beta t)$ $\Re\nu>-\tfrac12$	$\lvert\Im\alpha\rvert+\lvert\Im\beta\rvert$
26	$\displaystyle\int_{0}^{\frac{\pi}{2}}\frac{\cos^{\mu+\nu}\varphi\cdot\cos(\mu-\nu)\varphi}{(s^2+\alpha^2\cos^2\varphi)^{\mu+\nu+\frac12}}\,d\varphi$	$\dfrac{\pi^{1/2}\,t^{\mu+\nu}}{2(2\alpha)^{\mu+\nu}\,\Gamma(\mu+\nu+\frac12)}\,J_\mu\!\left(\tfrac{\alpha}{2}t\right)J_\nu\!\left(\tfrac{\alpha}{2}t\right)$ $\Re(\mu+\nu)>-\tfrac12$	$\lvert\Im\alpha\rvert$

11. **Elliptische Integrale**

27	$\displaystyle\int_0^{\frac{\pi}{2}} \frac{\sin\varphi\,d\varphi}{\sqrt{s^2+\sin^2\varphi}\left(s+\sqrt{s^2+\sin^2\varphi}\right)^{\nu+\frac{1}{2}}}$ $\mathfrak{R}\nu > -\frac{3}{2}$	$\displaystyle\sqrt{\frac{\pi}{2}}\,\frac{\mathfrak{H}_\nu(t)}{\sqrt{t}}$	0
28	$\displaystyle\int_0^{\frac{\pi}{2}} \frac{\sin\varphi\,d\varphi}{\sqrt{s^2-\sin^2\varphi}\left(s+\sqrt{s^2-\sin^2\varphi}\right)^{\nu+\frac{1}{2}}}$ $\mathfrak{R}\nu > -\frac{3}{2}$	$\displaystyle\sqrt{\frac{\pi}{2}}\,\frac{\mathcal{L}_\nu(t)}{\sqrt{t}}$	1

12. Theta - Funktionen

Nr.	$f(s)$	$F(t)$	K.A.
1	$\dfrac{1}{\sqrt{s}}\,\vartheta_0(\alpha,s)$	$\dfrac{1}{\sqrt{\pi}}\displaystyle\sum_{k=-\infty}^{+\infty} J_0\!\left[2(\alpha+k+\tfrac{1}{2})\sqrt{t}\right]$	0
2	$\dfrac{1}{\sqrt{s}}\,\vartheta_1(\alpha,s)$	$\dfrac{1}{\sqrt{\pi}}\displaystyle\sum_{k=-\infty}^{+\infty} (-1)^k J_0\!\left[2(\alpha+k-\tfrac{1}{2})\sqrt{t}\right]$	0
3	$\dfrac{1}{\sqrt{s}}\,\vartheta_2(\alpha,s)$	$\dfrac{1}{\sqrt{\pi}}\displaystyle\sum_{k=-\infty}^{+\infty} (-1)^k J_0\!\left[2(\alpha+k)\sqrt{t}\right]$	0
4	$\dfrac{1}{\sqrt{s}}\,\vartheta_3(\alpha,s)$	$\dfrac{1}{\sqrt{\pi}}\displaystyle\sum_{k=-\infty}^{+\infty} J_0\!\left[2(\alpha+k)\sqrt{t}\right]$	0
5	$\dfrac{1}{s}\,\vartheta_0(\alpha,s)$	$\dfrac{1}{\pi}\displaystyle\sum_{k=-\infty}^{+\infty} \dfrac{\sin 2(\alpha+k+\tfrac{1}{2})\sqrt{t}}{\alpha+k+\tfrac{1}{2}}$ $-\tfrac{1}{2}<\mathcal{R}\alpha<\tfrac{1}{2}$	0
6	$\dfrac{1}{s}\,\vartheta_1(\alpha,s)$	$\dfrac{1}{\pi}\displaystyle\sum_{k=-\infty}^{+\infty} \dfrac{(-1)^k \sin 2(\alpha+k-\tfrac{1}{2})\sqrt{t}}{\alpha+k-\tfrac{1}{2}}$ $-\tfrac{1}{2}<\mathcal{R}\alpha<\tfrac{1}{2}$	0
7	$\dfrac{1}{s}\,\vartheta_2(\alpha,s)$	$\dfrac{1}{\pi}\displaystyle\sum_{k=-\infty}^{+\infty} \dfrac{(-1)^k \sin 2(\alpha+k)\sqrt{t}}{\alpha+k}$ $0<\mathcal{R}\alpha<1$	0
8	$\dfrac{1}{s}\,\vartheta_3(\alpha,s)$	$\dfrac{1}{\pi}\displaystyle\sum_{k=-\infty}^{+\infty} \dfrac{\sin 2(\alpha+k)\sqrt{t}}{\alpha+k}$ $0<\mathcal{R}\alpha<1$	0

9	$\dfrac{1}{s}\,\vartheta_0(0,s)$	$\begin{cases} 1 & \text{für } (2k)^2\pi^2 < t < (2k+1)^2\pi^2 \\ -1 & \text{für } (2k+1)^2\pi^2 < t < (2k+2)^2\pi^2 \\ & k=0,1,2,\dots \end{cases}$	0
10	$\dfrac{1}{s}\,\vartheta_2(0,s)$	$\begin{cases} 0 & \text{für } t < \dfrac{\pi^2}{4} \\[2mm] 2\left(\left[\dfrac{\sqrt{t}}{\pi}-\dfrac{1}{2}\right]+1\right) & \text{für } t > \dfrac{\pi^2}{4} \end{cases}$	0
11	$\dfrac{1}{s}\,\vartheta_3(0,s)$	$2\left[\dfrac{\sqrt{t}}{\pi}\right]+1$	0
12	$\dfrac{1}{s^\nu}\,\vartheta_0(\alpha,s)$ $\Re\nu \geq \frac{1}{2}$	$\dfrac{t^{\frac{\nu}{2}-\frac{1}{4}}}{\sqrt{\pi}}\displaystyle\sum_{k=-\infty}^{+\infty}\dfrac{J_{\nu-\frac{1}{2}}\left[2(\alpha+k+\frac{1}{2})\sqrt{t}\right]}{(\alpha+k+\frac{1}{2})^{\nu-\frac{1}{2}}}$ $-\dfrac{1}{2}<\Re\alpha<\dfrac{1}{2}$	0
13	$\dfrac{1}{s^\nu}\,\vartheta_1(\alpha,s)$ $\Re\nu \geq \frac{1}{2}$	$\dfrac{t^{\frac{\nu}{2}-\frac{1}{4}}}{\sqrt{\pi}}\displaystyle\sum_{k=-\infty}^{+\infty}\dfrac{(-1)^k\,J_{\nu-\frac{1}{2}}\left[2(\alpha+k-\frac{1}{2})\sqrt{t}\right]}{(\alpha+k-\frac{1}{2})^{\nu-\frac{1}{2}}}$ $-\dfrac{1}{2}<\Re\alpha<\dfrac{1}{2}$	0
14	$\dfrac{1}{s^\nu}\,\vartheta_2(\alpha,s)$ $\Re\nu \geq \frac{1}{2}$	$\dfrac{t^{\frac{\nu}{2}-\frac{1}{4}}}{\sqrt{\pi}}\displaystyle\sum_{k=-\infty}^{+\infty}\dfrac{(-1)^k\,J_{\nu-\frac{1}{2}}\left[2(\alpha+k)\sqrt{t}\right]}{(\alpha+k)^{\nu-\frac{1}{2}}}$ $0<\Re\alpha<1$	0
15	$\dfrac{1}{s^\nu}\,\vartheta_3(\alpha,s)$ $\Re\nu \geq \frac{1}{2}$	$\dfrac{t^{\frac{\nu}{2}-\frac{1}{4}}}{\sqrt{\pi}}\displaystyle\sum_{k=-\infty}^{+\infty}\dfrac{J_{\nu-\frac{1}{2}}\left[2(\alpha+k)\sqrt{t}\right]}{(\alpha+k)^{\nu-\frac{1}{2}}}$ $0<\Re\alpha<1$	0

13. Sonstige Funktionen

Nr.	$f(s)$	$F(t)$	K.A.
1	$\zeta(2,s)$	$\dfrac{t}{1-e^{-t}}$	0
2	$\zeta(\nu,s)$	$\dfrac{t^{\nu-1}}{\Gamma(\nu)\left(1-e^{-t}\right)}$, $\Re\nu>1$	0
3	$\zeta\!\left(\nu,\dfrac{s+1}{2}\right)$	$\dfrac{(2t)^{\nu-1}}{\Gamma(\nu)\,\sin t}$, $\Re\nu>1$	−1
4	$\dfrac{\zeta'(s)}{s\,\zeta(s)}=-\dfrac{1}{s}\displaystyle\sum_{k=1}^{\infty}\dfrac{\Lambda(k)}{k^{s}}$	$-\psi(e^{t})$	1
5	$\dfrac{1}{\sqrt{s}}\,Q^{1,\nu}(s)$	$\dfrac{\pi}{\sqrt{2}}\sqrt{t}\;I_{\frac{\nu}{2}+\frac{1}{4}}\!\left(\dfrac{t}{2}\right)I_{\frac{\nu}{2}+\frac{3}{4}}\!\left(\dfrac{t}{2}\right)$	1
6	$\dfrac{1}{s^{\nu-\frac{1}{2}}}\,Q^{\nu,-\nu+\frac{1}{2}}(s)$	$\sqrt{2\pi}\,(2t)^{\nu-1}\sin\!\left(\dfrac{t}{2}\right)I_{\nu-1}\!\left(\dfrac{t}{2}\right)$	1
7	$\dfrac{1}{s^{\nu-\frac{1}{2}}}\,Q^{\nu,-\nu-\frac{1}{2}}(s)$	$\sqrt{2\pi}\,(4t)^{\nu-1}\cos\!\left(\dfrac{t}{2}\right)I_{\nu-1}\!\left(\dfrac{t}{2}\right)$	1

8	$\dfrac{e^{-\frac{\alpha^2+\beta^2}{4s}}}{s^{\nu+1}}\displaystyle\int_0^\pi e^{\frac{\alpha\beta}{2s}\cos\varphi}\sin^{2\nu}\varphi\,d\varphi$	$\dfrac{\sqrt{\pi}\,\Gamma\!\left(\nu+\frac{1}{2}\right)}{\left(\frac{\alpha\beta}{4}\right)^\nu}\cdot J_\nu(\alpha\sqrt{t})\,J_\nu(\beta\sqrt{t})$ $\Re\nu>-\tfrac{1}{2}$	0
9	$\displaystyle\int_{-\alpha}^{+\alpha}\dfrac{du}{\sqrt{\beta^2+(s+i\omega)^2}}$	$2\dfrac{\sin\alpha t}{t}\,J_0(\beta t)$	Max $\lvert\Im\alpha\rvert,\lvert\Im\beta\rvert$
10	$\displaystyle\int_{-a}^{+a}\dfrac{du}{\sqrt{\beta^2+(s-\omega)^2}}$	$2\dfrac{\sin\alpha t}{t}\,J_0(\beta t)$	Max $\lvert\Im\beta\rvert,\lvert\alpha\rvert$
11	$\dfrac{\xi(s)}{s}$	$[e^t]$	1
12	$\dfrac{1}{s}\left(1-2^{2-s}\right)\xi(s-1)$	$\left[\dfrac{e^t+1}{2}\right]$	0

14. Hypergeometrische und andere Reihen

Nr.	$f(s)$	$F(t)$	K.A.
1.	$\displaystyle\sum_{k=1}^{\infty} \frac{1}{(s+k)^{\nu}}$, $\mathcal{R}\nu > 1$	$\dfrac{t^{\nu-1}}{\Gamma(\nu)}\,\dfrac{1}{e^{t}-1}$	-1
2	$\displaystyle\sum_{k=0}^{\infty} \frac{\alpha^{k}}{(s+k)^{\nu}}$, $\mathcal{R}\nu > 0$	$\dfrac{1}{\Gamma(\nu)}\,\dfrac{t^{\nu-1}}{1-\alpha e^{-t}}$ $\quad |\alpha|<1$	0
3	$\displaystyle\sum_{k=1}^{\infty} \frac{1}{s^{2}+4k^{2}\pi^{2}}$	$1 - 2t - 2[t]$	0
4	$s\cdot\displaystyle\sum_{k=1}^{\infty} \frac{(-1)^{k}}{k(s^{2}+k^{2}a^{2})}$	$-\log\left(2\cos\dfrac{at}{2}\right)$	0
5	$s\displaystyle\sum_{k=1}^{\infty} \frac{1}{k(s^{2}+k^{2}a^{2})}$, $a \neq 0$	$-\log\left(2\sin\dfrac{at}{2}\right)$	0
6	$s\cdot\displaystyle\sum_{k=1}^{\infty} \frac{1}{(2k-1)[s^{2}+(2k-1)^{2}a^{2}]}$	$\dfrac{1}{2}\log\operatorname{ctg}\dfrac{at}{2}$	0
7	$\dfrac{1}{s}\,{}_{1}F_{1}\!\left(1;\,n+1;\,\dfrac{1}{s}\right)$	${}_{0}F_{1}(n+1,t)$	0

8	$_1F_1(\alpha;\beta;-s)$ $\Re\beta>\Re\alpha>0$	$\begin{cases} 0 & \text{für } t>1 \\[4pt] \dfrac{\Gamma(\beta)}{\Gamma(\alpha)\Gamma(\beta-\alpha)}(1-t)^{\beta-\alpha-1}\,t^{\alpha-1} & \text{für } t<1 \end{cases}$	$-\infty$
9	$\dfrac{1}{s}\,_1F_1\!\left(\tfrac{1}{2};1;-\tfrac{1}{s}\right)$	$J_0^2(\sqrt{t})$	0
10	$\dfrac{1}{s^{\mu}}\,_1F_1\!\left(\mu;\nu+1;-\tfrac{\alpha^2}{4s}\right)$ $\Re\mu>0$	$\dfrac{\Gamma(\nu+1)}{\Gamma(\mu)}\,t^{\mu-\frac{\nu}{2}}\,J_\nu(\alpha\sqrt{t})$	0
11	$\dfrac{1}{s^{\nu+1}}\,_1F_1\!\left(\nu+\tfrac{1}{2};2\nu+1;-\tfrac{1}{s}\right)$ $\Re\nu>-1$	$4^{\nu}\Gamma(\nu+1)\,J_\nu^2(\sqrt{t})$	0
12	$\dfrac{1}{s^{2\nu+2}}\,_1F_1\!\left(\nu+\tfrac{1}{2};2\nu+1;-\tfrac{1}{s^2}\right)$ $\Re\nu>-1$	$2^{2\nu+1}\,h_{2\nu,\nu}\!\left[3\left(\tfrac{t}{2}\right)^{\frac{2}{3}}\right]$	0
13	$_2F_1\!\left(\beta+\nu+\tfrac{3}{2},\beta-\nu+\tfrac{3}{2};\beta-\mu+2;-\tfrac{s}{2\alpha}\right)$	$(2\alpha)^{\beta-1}t^{3}e^{-\alpha t}\,W_{\mu,\nu}(2\alpha t)$	$-\Re\alpha$
14	$\dfrac{1}{s^{\nu}}\,_2F_1\!\left(\nu,-\mu+\nu-1;2(\nu-1);\tfrac{2\alpha}{s}\right)$ $\Re\nu>0$	$\dfrac{e^{\alpha t}\,M_{\mu,\nu-\frac{1}{2}}(2\alpha t)}{(2\alpha)^{\nu-1}\Gamma(\nu)}$	$|\Re\alpha|$
15	$\dfrac{1}{s^{\nu+1}}\,_2F_1\!\left(\tfrac{\nu+1}{2},\tfrac{\nu}{2}+1;\mu+1;-\tfrac{\alpha^2}{s^2}\right)$ $\Re\nu>-1,\ \Re\mu>-1$	$\dfrac{\Gamma(\mu+1)(2t)^{\nu-\mu}\,J_\mu(\alpha t)}{\alpha^{\mu}\,\Gamma(\nu+1)}$	$|\Im\alpha|$

16	$\dfrac{1}{s^{\nu+1}}\,{}_2F_1\left(\dfrac{\nu+1}{2},\dfrac{\nu}{2}+1;\mu+1;\dfrac{\alpha^2}{s^2}\right)$ $\Re\nu>-1,\ \Re\mu>-1$	$\dfrac{\Gamma(\mu+1)(2t)^{\nu-\mu}\,I_\mu(\alpha t)}{\alpha^\mu\,\Gamma(\nu+1)}$	$|\Re\alpha|$
17	$\dfrac{1}{s^{\alpha+\nu+\frac{1}{2}}}\,{}_2F_1\left(\alpha+\nu+\tfrac{3}{2},-\mu+\nu+\tfrac{1}{2};2\nu+1;\dfrac{2\alpha}{s}\right)$ $\Re(\alpha+\nu)>-\dfrac{3}{2}$	$\dfrac{t^\alpha e^{\alpha t}\,M_{\mu,\nu}(2\alpha t)}{(2\alpha)^{\nu+\frac{1}{2}}\,\Gamma(\alpha+\nu+\frac{3}{2})}$	$|\Re\alpha|$
18	$\dfrac{1}{s^{\alpha+1}}\,{}_3F_2\left(\dfrac{\alpha+1}{3},\dfrac{\alpha+2}{3},\dfrac{\alpha+3}{3};\mu+1,\nu+1;-\dfrac{1}{s^3}\right)$ $\Re\alpha>-1$	$\dfrac{3^{\mu+\nu}\,\Gamma(\mu+1)\,\Gamma(\nu+1)}{\Gamma(\alpha+1)}\,t^{\alpha-\mu-\nu}\,J_{\mu,\nu}(t)$	$\dfrac{1}{2}$
19	$\dfrac{1}{s^{\frac{\lambda+\mu}{2}}}\,{}_3F_3\left(\dfrac{\mu+1}{2},\dfrac{\mu+2}{2},\dfrac{\mu+\lambda}{2};\mu-\nu+1,\nu+1,\mu+1,-\dfrac{\alpha^2}{s}\right)$ $\Re(\lambda+\mu)>0$	$\dfrac{2^\mu\,\Gamma(\mu-\nu+1)\,\Gamma(\nu+1)}{\alpha^\mu\,\Gamma(\frac{\lambda+\mu}{2})}\,t^{\frac{\lambda}{2}-1}\,J_{\mu-\nu}(\alpha\sqrt{t})\,J_\nu(\alpha\sqrt{t})$	0
20	$B(\beta,s-\beta)\,{}_2F_1(\alpha,\beta,s,\gamma)$ $|\gamma|<1,\ \Re\beta>0$	$e^t(e^t-1)^{\beta-1}\left[1-\gamma(1-e^{-t})\right]^{-\alpha}$	$\Re\beta$
21	$\dfrac{1}{s}\,{}_mF_n\left(\beta_1,\beta_2,\dots,\beta_{m-2},1,\tfrac{1}{2};\gamma_1,\gamma_2,\dots,\gamma_n;\dfrac{\alpha^2}{s^2}\right)$ $n\geq m-1$	${}_{m-2}F_n\left(\beta_1,\beta_2,\dots,\beta_{m-2};\gamma_1,\gamma_2,\dots,\gamma_n;\left(\dfrac{\alpha t}{2}\right)^2\right)$	$|\Re\alpha|$
22	$\dfrac{1}{s}\,{}_mF_n\left(\beta_1,\beta_2,\dots,\beta_{m-1},1;\gamma_1,\gamma_2,\dots,\gamma_n;\dfrac{\alpha}{s}\right)$ $n\geq m-1$	${}_{m-1}F_n\left(\beta_1,\beta_2,\dots,\beta_{m-1};\gamma_1,\gamma_2,\dots,\gamma_n;\alpha t\right)$	$|\Re\alpha|$
23	$\dfrac{1}{s}\,{}_mF_n\left(\beta_1,\beta_2,\dots,\beta_m;\gamma_1,\gamma_2,\dots,\gamma_n;\dfrac{\alpha}{s}\right)$ $n\geq m-1$	${}_mF_{n+1}\left(\beta_1,\beta_2,\dots,\beta_m;\gamma_1,\gamma_2,\dots,\gamma_n,1;\alpha t\right)$	$|\Re\alpha|$

24	$\dfrac{1}{s^{\nu+1}}\,{}_m\mathfrak{F}_n\!\left(\beta_1,\beta_2,\ldots,\beta_{m-k},\dfrac{\nu+1}{k},\dfrac{\nu+2}{k},\ldots,\dfrac{\nu+k}{k};\gamma_1,\gamma_2,\ldots,\gamma_n;\left(\dfrac{\alpha}{s}\right)^n\right)$ $k\leqq m,\;n\geqq m-1$	$t^{\nu}\,{}_{m-k}\mathfrak{F}_n\!\left(\beta_1,\beta_2,\ldots,\beta_{m-k};\gamma_1,\gamma_2,\ldots,\gamma_n;\left(\dfrac{\alpha t}{n}\right)^n\right)$	$\lvert\,\mathfrak{R}\,\alpha\,\rvert$
25	$\displaystyle\sum_{k=1}^{\infty}\frac{(-1)^{k-1}}{s+k}\left(1-\frac{1}{2}+\frac{1}{3}-\;\cdots\;+\frac{(-1)^{k-1}}{k}\right)$	$-\dfrac{\log(1-e^{-t})}{1+e^{-t}}$	0
26	$\displaystyle\sum_{k=1}^{\infty}\frac{(-1)^{k-1}}{s+k}\bigl(\Psi(k+1)+C\bigr)$	$\dfrac{\log(1+e^{-t})}{1+e^{-t}}$	0
27	$\displaystyle\sum_{k=1}^{\infty}\frac{(-1)^{k-1}}{k}\bigl[\xi(\nu,s)-\xi(\nu,s+k)\bigr]$	$\dfrac{\log 2-\log(1+e^{-t})}{1-e^{-t}}$	0
28	$\displaystyle\sum_{k=0}^{\infty}\left[\log(s+k)-\Psi(s+k)-\frac{1}{2(s+k)}\right]$	$\dfrac{1}{1-e^{-t}}\left(\dfrac{1}{e^{t}-1}-\dfrac{1}{t}+\dfrac{1}{2}\right)$	0
29	$\displaystyle\sum_{k=0}^{\infty}\frac{\alpha_{k+1}\,k!}{s(s+1)\cdots(s+k)}=\sum_{k=0}^{\infty}\alpha_{k+1}\frac{k!\,\Gamma(s)}{\Gamma(s+k+1)}$	$\displaystyle\sum_{k=0}^{\infty}\alpha_{k+1}(1-e^{-t})^{k}$	0
30	$\dfrac{1}{s}\displaystyle\sum_{k=0}^{\infty}\alpha_k e^{-\lambda_k s}$ $0\leqq\lambda_0<\lambda_1<\;\cdot\;\to\infty$ Dirichletsche Reihe mit Konvergenzabzisse $s\gtrless 0$	$\begin{cases}0 & \text{für } t<\lambda_0\\[4pt]\displaystyle\sum_{i=0}^{k}\alpha_i & \text{für }\lambda_k<t<\lambda_{k+1}\end{cases}$	s_0

31	$\dfrac{1}{s}\left(\displaystyle\sum_{k=0}^{\infty}\alpha_k e^{-\lambda_k s}-\sum_{k=0}^{\infty}\alpha_k\right)$ **Dirichletsche Reihe** **mit Konvergenzabszisse $s_0<0$**	$\begin{cases}-\displaystyle\sum_{i=0}^{\infty}\alpha_i & \text{für } t<\lambda_0 \\[2mm] -\displaystyle\sum_{i=k+1}^{\infty}\alpha_i & \text{für } \lambda_k<t<\lambda_{k+1}\end{cases}$	s_0
32	$\displaystyle\sum_{k=0}^{\infty}L_k^{(a-k)}(s)\,\frac{b^{k+1}}{k+1}$	$\begin{cases}(1+t)^a & \text{für } t<b<1 \\[1mm] 0 & \text{für } t>b\end{cases}$	$-\infty$
33	$\displaystyle\sum_{k=0}^{\infty}L_k^{(a)}(s)\,\frac{\left(\dfrac{b}{1+b}\right)^{k+1}}{k+1}$	$\begin{cases}(1+t)^{a-1} & \text{für } t<b \\[1mm] 0 & \text{für } t>b\end{cases}$	$-\infty$
34	$\displaystyle\sum_{k=0}^{\infty}\frac{(-1)^k b^{k+1}s^k L_n^{(a)}\!\left(-\dfrac{1}{s}\right)}{(k+1)\,\Gamma(a+k+1)}$	$\begin{cases}t^{-\frac{a}{2}}\,J_a(2\sqrt{t}) & \text{für } t<b \\[1mm] 0 & \text{für } t>b\end{cases}$	$-\infty$
35	$\displaystyle\sum_{k=0}^{\infty}\frac{(-1)^k\beta'(k+1)}{k!}\,s^k$ mit $\beta(x)=\displaystyle\sum_{k=0}^{\infty}\frac{(-1)^\nu}{x+\nu}=\frac{1}{2}\left[\Psi\!\left(\frac{x+1}{2}\right)-\Psi\!\left(\frac{x}{2}\right)\right]$	$\begin{cases}\dfrac{1}{2}\dfrac{\log t}{1+t} & \text{für } t<1 \\[2mm] 0 & \text{für } t>1\end{cases}$	$-\infty$
36	$\displaystyle\sum_{k=1}^{\infty}\frac{\Lambda(k)}{s^k}$	$\psi(e^t)$	1
37	$\displaystyle\sum_{k=1}^{\infty}\frac{(2k+1)!\,(4s)^{-k}}{k!\,(k+1)!\,\Gamma(\nu+k+1)\,\Gamma(2-\nu+k)}$	$\dfrac{2}{t\sqrt{t}}\left[J_\nu(\sqrt{t})\,J_{1-\nu}(\sqrt{t})-\frac{\sqrt{t}\sin\nu\pi}{2\nu(1-\nu)\pi}\right]$	0

38	$\displaystyle\sum_{k=0}^{\infty} \frac{(-1)^k \, \Gamma\!\left(k+\frac{1}{2}\right) \Gamma\!\left(\nu+k+\frac{3}{2}\right)}{k! \, \Gamma(k-\nu)\, s^{2(\nu+k+1)}}$	$\pi \left(\frac{t}{2}\right)^{2\nu+1} J_{-\nu-1}\!\left(\frac{t}{2}\right) J_\nu\!\left(\frac{t}{2}\right)$	0
39	$\displaystyle\frac{1}{s^\mu} \int_0^\pi e^{-\frac{\omega^2}{4s}} \, {}_1F_1\!\left(1-\mu+\nu;\, \nu+1;\, \frac{\omega^2}{4s}\right) \sin^{2\nu}\varphi \, d\varphi$ $\omega = \sqrt{\alpha^2+\beta^2-2\alpha\beta\cos\varphi}$ $\Re\nu > -\frac{1}{2}, \quad \Re\mu > 0$	$\displaystyle\frac{\pi \, \Gamma(2\nu+1)}{(\alpha\beta)^\nu \, \Gamma(\mu)} \, t^{\mu-\nu-1} J_\nu(\alpha\sqrt{t}) \, J_\nu(\beta\sqrt{t})$	0
40	$\displaystyle\frac{1}{s^\mu} \int_0^\pi {}_2F_1\!\left(\frac{\mu}{2},\, \frac{\mu+1}{2};\, \nu+1;\, -\frac{\omega^2}{s^2}\right) \sin^{2\nu}\varphi \, d\varphi$ $\omega = \sqrt{\alpha^2+\beta^2-2\alpha\beta\cos\varphi}, \quad \Re\mu > 0$	$\displaystyle\frac{\pi \, \Gamma(2\nu+1)}{(\alpha\beta)^\nu \, \Gamma(\mu)} \, t^{\mu-2\nu-1} J_\nu(\alpha t) \, J_\nu(\beta t)$	$|\Im\alpha|+|\Im\beta|$
41	$\displaystyle\frac{e^{-\frac{1}{s}}}{s^{\nu-\mu}} \, {}_1F_1\!\left(\mu;\, \nu;\, \frac{1}{s}\right)$ $\Re\nu > \Re\mu$	$\displaystyle\frac{\Gamma(\nu)}{\Gamma(\nu-\mu)} \, t^{\frac{\nu-1}{2}-\mu} \, J_{\nu-1}(2\sqrt{t})$	0
42	$\displaystyle\sum_{k=1}^{\infty} \frac{(-1)^{k-1}}{(s+k)^\nu}, \quad \Re\nu > 1$	$\displaystyle\frac{t^{\nu-1}}{\Gamma(\nu)} \, \frac{1}{1+e^t}$	-1

D. Funktions - Register

Bemerkung: Tritt bei den Integralfunktionen $\left(\text{erf } t \; , \; \text{Ei}(t) \text{ usw.}\right)$ ein komplexer unendlicher Integrationsweg auf, so ist dieser im Unendlichen stets parallel zur reellen Achse zu denken.

$$\arccos x = \tfrac{1}{i} \log\left(x + \sqrt{x^2-1}\,\right)$$ Arcus-Cosinus (zyklometrische Funktion)

$$\arcsin x = \tfrac{1}{i} \log\left(ix + \sqrt{1-x^2}\,\right)$$ Arcus-Sinus (zyklometrische Funktion)

$$\arcsin t \quad 9.\,26$$
$$\arcsin \tfrac{1}{t} \quad 7.\,7$$

$$\operatorname{arc} tg\, x = \tfrac{1}{2} \log \frac{1 - ix}{1 + ix}$$ Arcus-Tangens (zyklometrische Funktion)

$$\operatorname{arc} tg\, t \quad 7.\,23$$

$$\operatorname{Ar} \mathfrak{Cof} x = \log\left(x + \sqrt{x^2-1}\,\right)$$ Area-Cosinus

$$\operatorname{Ar} \mathfrak{Cof} t \quad 9.\,18,\,47$$
$$\text{ferner} \quad 9.\,7,\,12,\,21$$

$$\operatorname{Ar} \mathfrak{Sin} x = \log\left(x + \sqrt{x^2+1}\,\right)$$ Area-Sinus

$$\operatorname{Ar} \mathfrak{Sin} t \quad 9.\,27,\,28$$
$$\text{ferner} \quad 9.\,3,\,9,\,19,\,22,\,25,\,29$$

$$\operatorname{Ar} \mathfrak{Tg} = \tfrac{1}{2} \log \frac{1+x}{1-x}$$ Area-Tangens

---

$$B(k) \;=\; \int_0^{\frac{\pi}{2}} \frac{\cos^2\varphi}{\sqrt{1-k^2\sin^2\varphi}}\,d\varphi \qquad \textbf{vollständiges elliptisches Integral}$$

$$B(x,y) \;=\; \int_0^1 u^{x-1}(1-u)^{y-1}\,du \;=\; \frac{\Gamma(x)\,\Gamma(y)}{\Gamma(x+y)} \qquad \textbf{Eulersche Betafunktion}$$

$$\mathrm{bei}_\nu(x) \;=\; \mathfrak{I}\,\mathcal{J}_\nu(i\sqrt{i}\,x) \qquad \textbf{Kelvinsche Funktion}$$

$$\mathrm{bei}_0(x) = \mathrm{bei}(x) = \mathfrak{I}\,I_0(\sqrt{i}\,x) = \sum_{k=0}^{\infty} \frac{(-1)^k}{[(2k+1)!]^2}\left(\frac{x}{2}\right)^{4k+2}$$

$\mathrm{bei}_\nu(t)$ **2.**28,53, **3.**58,59

$\mathrm{bei}_\nu(\sqrt{t})$ **5.**5,20,21

$\mathrm{bei}_\nu^2(\sqrt{t})$ **9.**17

ferner   **1.**26, **9.**8,17

$$\mathrm{ber}_\nu(x) \;=\; \mathfrak{R}\,\mathcal{J}_\nu(i\sqrt{i}\,x) \qquad \textbf{Kelvinsche Funktion}$$

$$\mathrm{ber}_0(x) = \mathrm{ber}(x) = \mathfrak{R}\,I_0(\sqrt{i}\,x) = \sum_{k=0}^{\infty} \frac{(-1)^k}{[(2k)!]^2}\left(\frac{x}{2}\right)^{4k}$$

$\mathrm{ber}_\nu(t)$ **2.**28,52   **3.**58,59

$\mathrm{ber}_\nu(\sqrt{t})$ **5.**4,20,21

$\mathrm{ber}_\nu^2(\sqrt{t})$ **9.**17

ferner   **1.**26   **9.**8,17

$\mathscr{C}$	$=$	$-\Gamma'(1) = -\Psi(1) = 0{,}577\,215\ldots$ $= \gamma$	**Eulersche Konstante**

$$C(k) \quad = \quad \int_0^{\frac{\pi}{2}} \frac{\sin^2\varphi\,\cos^2\varphi}{(1-k^2\sin^2\varphi)^{3/2}}\,d\varphi \qquad \textbf{vollständiges elliptisches}$$
$$\textbf{Integral}$$

$$\mathscr{C}(x) \quad = \quad \int_0^x \cos\frac{\pi\xi^2}{2}\,d\xi = \frac{1}{2} - \sqrt{\frac{2}{\pi}}\,\mathscr{C}^*\!\left(\sqrt{\frac{\pi}{2}}\,x\right) \qquad \textbf{Fresnelsches Integral}$$

$$\mathscr{C}(t) \quad 7.24,26$$

$$\mathscr{C}^*(x) \quad = \quad \int_x^\infty \cos\xi^2\,d\xi = \sqrt{\frac{\pi}{2}}\left[\frac{1}{2} - \mathscr{C}\!\left(\sqrt{\frac{2}{\pi}}\,x\right)\right] \qquad \textbf{Fresnelsches Integral}$$

$$\mathscr{C}_{m-n}^{n+\frac{1}{2}}(x) \quad = \quad \frac{\dfrac{d^n}{dx^n}P_m(x)}{1\cdot 3\,\cdots\,(2n-3)(2n-1)} \qquad \textbf{Gegenbauersche Polynome}$$

$$ch(x) \quad = \quad \mathfrak{Cof}\,x \quad (siehe\ dieses)$$

$$chi(x) \quad = \quad \mathfrak{Ci}(x) \quad (siehe\ dieses)$$

$$\chi(x,y) \quad = \quad \frac{e^{-\frac{x^2}{4y}}}{\sqrt{\pi\,y}} \qquad \textbf{Funktion aus der Theorie der Wärmeleitung}$$
$$\chi(x,t) \quad 4.35,39$$
$$t^\nu\chi(x,t) \quad 4.13,32,33,40,64,67,68$$
$$\chi(t,\beta) \quad 8.44$$

$$\mathscr{C}i(x) \;=\; -\int_0^\infty \frac{\cos\xi}{\xi}\,d\xi \;=\; \mathscr{C} + \log x - \int_0^x \frac{1-\cos\xi}{\xi}\,d\xi \;=\; ci(x)$$

Integralcosinus

siehe unter ci(x)

$ci(x) \;=\;$ $\mathscr{C}i(x)$ *(siehe dieses)*

$ci(t)$ **3.**28, 33, 34

ferner   **3.**35, 38, 39, 42 – 45

$\mathscr{L}i(x) \;=\;$ $\mathscr{C} + \log x + \int_0^x \dfrac{\mathscr{L}o\!f\,\xi - 1}{\xi}\,d\xi \;=\; chi(x)$ **hyperbolischer Integralcosinus**

$\mathscr{L}i(t):$ **3.**27

$\cos x \;=\; \dfrac{e^{ix}+e^{-ix}}{2}$ **Cosinus (Kreisfunktion)**

$\cos t$ **1.**11, 16, 31, 33, 37, 41.   **4.**22 – 24, 26, 29, 89, 90   **5.**18, 71, 74   **14.**4

$\cos\sqrt{t}$ **8.**31

$\cos\dfrac{1}{t}$ **5.**66

$\cos\sqrt{t^2-b^2}$ **4.**55, 58

$\cos t^2$ **7.**18, 20

$\cos^\nu t$ **1.**24, 47   **4.**92, 94, 96, 98, 100

$t^\nu \cos t$ **1.**43, 49, 51, 53   **2.**21, 98   **3.**6, 17, 90   **5.**27

$t^\nu \cos\sqrt{t}$ **4.**18, 38   **5.**10, 11   **8.**20, 37, 38   **9.**60, 66, 69, 71, 94, 95

ferner   **1.**26, 28, 29, 44   **3.**7, 9, 10, 12, 35, 36, 38 – 41, 44, 45, 50, 51, 70

        5.12, 69   **7.**26   **9.**50

$\mathcal{L}o\!\mid\! x$ – $\dfrac{e^x + e^{-x}}{2}$ **hyperbolischer Cosinus**
            (Hyperbelfunktion)

$\mathcal{L}o\!\mid\! t$ 1. 10, 17, 31, 33, 36, 40, 48   4. 31

$\mathcal{L}o\!\mid\!\sqrt{t}$ 8. 28

$\mathcal{L}o\!\mid\!\sqrt{t^2 - b^2}$ 4. 54, 56

$\mathcal{L}o\!\mid^\nu t$ 1. 25,   4. 102

$t^\nu \mathcal{L}o\!\mid\! t$ 1. 42, 50, 52   2. 22, 99, 106   3. 5, 13, 18

$t^\nu \mathcal{L}o\!\mid\!\sqrt{t}$ 4. 37   5. 10, 11   9. 62, 64, 65, 68, 70, 94, 95

ferner   1. 28, 29, 45   3. 37, 48, 49   5. 12   6. 13, 14, 37   9. 3, 7, 12, 22   10. 6   13. 7

$D(k)$ – $\displaystyle\int_0^{\frac{\pi}{2}} \dfrac{\sin^2\varphi}{\sqrt{1 - k^2\sin^2\varphi}}\, d\varphi$ **vollständiges elliptisches**
                Integral

$\Delta_\gamma f(x)$ – $f(x+\gamma) - f(x)$ **Differenzen – Bildung**

$\Delta_\gamma^n f(x)$ – $\underbrace{\Delta_\gamma \Delta_\gamma \cdots \Delta_\gamma}_{n-mal} f(x)$ **n-malige Differenzen-Bildung**

$D_n(x)$ = $(-1)^n e^{\frac{x^2}{4}} \dfrac{d^n}{dx^n} e^{-\frac{x^2}{2}} = e^{-\frac{x^2}{4}} He_n(x)$ **Webersche Polynome**

$D_n(\sqrt{t})$ 2. 71, 88   10. 9, 13

$D_n^2(\sqrt{t})$ 2. 76

$$D_\nu(x) \quad = \quad \frac{2^{\frac{\nu}{2}+\frac{1}{4}}}{\sqrt{x}} W_{\frac{\nu}{2}+\frac{1}{4},\,\pm\frac{1}{4}}\left(\tfrac{x^2}{2}\right)$$

Webersche Funktion (konfluente hypergeometrische Funktion)

vgl. **2.** 73, 86

$$e^x \quad = \quad \sum_{k=0}^{\infty} \frac{x^k}{k!}$$

Exponentialfunktion

e^t **1.** 3

$e^{\sqrt{t}}$ **8.** 24, 29

$e^{-\sqrt{t}}$ **8.** 23, 30

e^{-t^2} **8.** 10

$t^\nu e^{-t^2}$ **8.** 11

$e^{-e^{-t}}$ **6.** 1

e^{-e^t} **6.** 2, 9

$e^{-\mathcal{T}int}$ **9.** 89

und viele andere (z.B. durch Verschiebung im Unterbereich entstandene)

$$E(k) \quad = \quad \int_0^{\frac{\pi}{2}} \sqrt{1-k^2\sin^2\psi}\; d\psi$$

vollständiges elliptisches Normalintegral 2.Gattung

$$E(k,\varphi) \quad = \quad \int_0^{\varphi} \sqrt{1-k^2\sin^2\psi}\; d\psi$$

elliptisches Normalintegral 2. Gattung

$$E_\nu(x) \quad = \quad \frac{1}{\pi}\int_0^{\pi} \sin(\nu\varphi - x\sin\varphi)\, d\varphi$$

Webersche Funktion

$$Ei(x) \quad = \quad \int_{-\infty}^{x} \frac{e^{\xi}}{\xi} d\xi = li(e^{x}) \qquad \textbf{Exponentialintegral}$$

$Ei(t)$ **3.** 25,26 **7.** 6

$t^{\nu} E(t)$ **3.** 55-57

ferner   **3.** 51,52.

$$erf(x) \quad = \quad \frac{2}{\sqrt{\pi}} \int_{0}^{} e^{-\xi^{2}} d\xi \qquad \textbf{Fehler - Integral} \quad \textbf{oder}$$

$$\textbf{Krampsche Funktion}$$

$erf(t)$ **8.** 13,14

$erf(\sqrt{t})$ **2.** 5,37

ferner   **2.** 6,38 **8.** 15-17

$$erfc(x) \quad = \quad 1 - erf(x) = \frac{2}{\sqrt{\pi}} \int_{x}^{\infty} e^{-\xi^{2}} d\xi \qquad \textbf{komplementäres Fehler -}$$

$$\textbf{Integral}$$

$erfc\left(\frac{1}{\sqrt{t}}\right)$ **4.** 6,63

$t^{\nu} erfc\left(\frac{1}{\sqrt{t}}\right)$ **4.** 13

ferner   **2.** 8,13,14,17,35,36,40,44,45,48-51,58,59   **4.** 39,40,66,67,69

$$F(k,\varphi) \quad = \quad \int_{0}^{\varphi} \frac{d\psi}{\sqrt{1 - k^{2} sin^{2}\psi}} \qquad \textbf{elliptisches Normalintegral}$$

$$\textbf{1. Gattung}$$

$$_2F_1(\alpha,\beta;\gamma;x) \quad = \quad \sum_{k=0}^{\infty} \frac{(\alpha,k)(\beta,k)}{(\gamma,k)} \frac{x^{k}}{k!} \qquad \textbf{Gaußsche (hypergeometrische) Reihe}$$

$$mit \ (\alpha,k) = \frac{\Gamma(\alpha+k)}{\Gamma(\alpha)}$$

siehe unter $_pF_q$ (verallgemeinerte hypergeometrische Reihe)

$${}_pF_q(\alpha_1,\ldots,\alpha_p;\beta_1,\beta_2,\ldots\beta_q;x) = \sum_{k=0}^{\infty} \frac{(\alpha_1,k)\cdots(\alpha_p,k)}{(\beta_1,k)\cdots(\beta_q,k)} \frac{x^k}{k!}$$

verallgemeinerte hyper-
geometrische Reihe

$$\text{mit } (\alpha,k) = \frac{\Gamma(\alpha+k)}{\Gamma(\alpha)}$$

$$(\beta,k) = \frac{\Gamma(\beta+k)}{\Gamma(\beta)}$$

${}_0F_1$ 14.7

${}_1F_1$ 2.87, 105

${}_0F_n$ 4.10

${}_pF_q$ 14.20-24

γ = $-\Gamma'(1) = -\Psi(1) = \mathscr{C} = 0,5772155\ldots$ **Eulersche Konstante**

$\gamma(\nu,x)$ =

$$\int_0^x e^{-\xi}\xi^{\nu-1}d\xi = P(x,y) \quad (\textit{siehe dieses})$$

unvollständige Gammafunktion
Prymsche P - Funktion

$\Gamma(x)$ =

$$\int_0^\infty e^{-u}u^{x-1}du \quad \left(= \Pi(x-1)\right)$$

Eulersche Gammafunktion

$\textit{vgl.}$ 3.83-89   9.20

$\mathfrak{H}_\nu(x)$ =

$$\sum_{k=0}^{\infty} \frac{(-1)^k \left(\frac{x}{2}\right)^{\nu+2k+1}}{\Gamma(k+\frac{1}{2})\Gamma(\nu+k+\frac{1}{2})} = \mathscr{S}_\nu(x)$$

Struvesche Funktion

$\mathfrak{H}_\nu(t)$ 3.64, 68

$t^\nu\mathfrak{H}_\nu(t)$ 3.6, 21   11.27

$\textit{ferner}$ 2.60, 100

$H_\nu^{(1)}(x)$	=	$J_\nu(x) + i N_\nu(x)$	**Hankelsche Funktion**
			Besselfunktion 3. Art
		$H_0^{(1)}(t)$ 3.66	

$H_\nu^{(2)}(x)$	=	$J_\nu(x) - i N_\nu(x)$	**Hankelsche Funktion**
			Besself. nktion 3. Art
		$H_0^{(2)}(t)$ 3.65	

$He_n(x)$	=	$(-1)^n e^{\frac{x^2}{2}} \dfrac{d^n}{dx^n} e^{-\frac{x^2}{2}}$	**Polynom von Hermite**
		$He_n(t)$ 2.89	
		$t^\nu He_n(\sqrt{t})$ 2.72	
		ferner 4.34	

$He_n^*(x)$	=	$(-1)^n e^{x^2} \dfrac{d^n}{dx^n} e^{-x^2}$	**Polynom von Hermite**
		$He_n^*(t)$ 2.89	
		$t^\nu He_n^*(\sqrt{t})$ 2.72	
		ferner 2.77	

$I_\nu(x)$	=	$\dfrac{1}{i^\nu} J_\nu(ix) = \sum\limits_{k=0}^{\infty} \dfrac{\left(\frac{x}{2}\right)^{\nu+2k}}{k!\,\Gamma(\nu+k+1)}$	**modifizierte**
			Besselfunktion

$I_\nu(t)$ 2: 11, 20, 22, 29, 83   3.59, 62

$t^\mu I_\nu(t)$ 2.4, 64, 66, 81, 93   10.2, 3, 10   14.6

$I_\nu(\sqrt{t})$ 4.8, 72   9.80

$t^\mu I_\nu(\sqrt{t})$ 5.22, 23   6.4   9.73, 96, 97

$I_\nu(\sqrt{t^2 + at + b})$ 4.2, 4, 5, 44, 45, 49, 50, 60, 61, 70, 75, 78, 80

$I_\nu(t^2)$ 8.42

$I_\nu^2(\sqrt{t})$ 9.48, 85, 86

$I_\nu(\sqrt{t})\, I_\mu(\sqrt{t})$ 9.55, 87, 88

$I_\nu(\sqrt{t})\, Y_\mu(\sqrt{t})$ 9.23, 52, 53

$I_\nu^2(t)$ 11.7–10, 12

$I_\nu(t)\, I_\mu(t)$ 11.6, 10, 11   13.5

ferner   2.2, 10, 15, 31, 32, 39, 42, 43, 47, 61, 63, 70, 90, 101   4.17, 41, 42, 68
   9.34, 35, 46, 78, 105   11.1, 4, 5   13.6, 7

$$Ii_\nu(x) \quad = \quad \int_x^\infty \frac{I_\nu(\xi)}{\xi}\, d\xi$$

$Ii_0(t)$ 3.29, 78

$$J_\nu(x) \quad = \quad \frac{1}{\pi}\int_0^\pi \cos(\nu\varphi - x\sin\varphi)\, d\varphi \qquad \textbf{Angersche Funktion}$$

$$Y_\nu(x) \quad = \quad \sum_{k=0}^\infty \frac{(-1)^k \left(\frac{x}{2}\right)^{\nu+2k}}{k!\, \Gamma(\nu+k+1)} \qquad \textbf{Besselfunktion (1. Art)}$$

$Y_\nu(t)$ 2.12, 19, 21, 30, 84   3.61   11.16

$t^\mu Y_\nu(t)$ 2.3, 65, 67, 80, 94, 102   3.71   10.13   14.15

$Y_\nu(\sqrt{t})$ 4.9

$t^\mu Y_\nu(\sqrt{t})$ 4.74   5.22, 23   6.5   8.33, 34, 36, 39   9.72, 74, 75, 77, 96, 97 $\left[14.10, 34, 41\right.$

$Y_\nu(\sqrt{t^2+at+b})$ 4.3, 5, 43, 46–48, 51, 71, 76, 77, 79, 81   9.37, 43, 108

$Y_\nu(t^2)$ 8.43

$Y_\nu^2(\sqrt{t})$ 8.21   9.49, 85, 86   14.9, 11

$Y_\nu(\sqrt{t})\, Y_\mu(\sqrt{t})$ 9.24, 54, 87, 88   10.5   13.8

$Y_\nu(\sqrt{t})\, I_\mu(\sqrt{t})$ *siehe unter* I_ν

$Y_\nu^2(t)$ 11.13, 16–19, 23, 24

$Y_\nu(t)\, Y_\mu(t)$ 11.14, 15, 20–22, 25, 26   14.38, 46

ferner $\quad$ **2.**16,47,60,95,100 $\quad$ **3.**70 $\quad$ **4.**16,19,27,36,82 $\quad$ **5.**15,16 $\quad$ **8.**36
$\quad\quad\quad\quad$ **9.**78,79,81,104 $\quad$ **11.**5 $\quad$ **12.**1-4,12-15 $\quad$ **13.**9,10

$$J_{\mu,\nu}(x) = \frac{x^{\mu+\nu}}{3^{\mu+\nu}\,\Gamma(\mu+1)\,\Gamma(\nu+1)}\;{}_0F_2\left(\mu+1,\nu+1;-\frac{x^3}{27}\right) \quad \textbf{Besselfunktion}$$
$$\text{3. Ordnung}$$

$t^\kappa J_{\mu,\nu}(t)$ $\quad$ **2.**18,41,46 $\quad$ **11.**2,3

ferner $\quad$ **5.**2,3,24,25 $\quad$ **9.**42,56,57 $\quad$ **14.**12,18

$$J_n^m(t) = \frac{1}{\pi}\int_0^\pi (2\cos\varphi)^m \cos(n\varphi - x\sin\varphi)\,d\varphi \quad \textbf{Bourgetsche Funktion}$$
$$\textbf{(verallg. Bessel - F.)}$$

$J_n^m(t)$ $\quad$ **2.**68

$$Jc(x,y) = \int_0^y J_0(x\eta)\cos\eta\,d\eta$$

$Jc(x,t)$ $\quad$ **2.**55,57

$$Ji_\nu(x) = \int_x^\infty \frac{J_\nu(\xi)}{\xi}\,d\xi \quad \textbf{Integral - Besselfunktion}$$

$Ji_0(t)$ $\quad$ **3.**30,31,79

$Ji_0(\sqrt{t})$ $\quad$ **7.**5

$$Js(x,y) = \int_0^y J_0(x\eta)\sin\eta\,d\eta \quad \textbf{vgl.}\ Jc(x,y)$$

$Js(x,t)$ $\quad$ **2.**54,56

$K(k)$	$=$	$\displaystyle\int_0^{\frac{\pi}{2}} \frac{d\psi}{\sqrt{1-k^2\sin^2\psi}}$ vollständiges elliptisches Normalintegral 1.Gattung

$K_\nu(x)$	$=$	$\frac{\pi}{2} i^{\nu+1} H_\nu^{(1)}(ix) = \frac{\pi}{2}\frac{1}{i^{\nu+1}} H_\nu^{(2)}(-ix)$ modifizierte Hankelsche Funktion
		$K_\nu(t)$ 2.9,24 3.62,67,72 5.19 10.1,12
		$K_\nu(\sqrt{t^2-b^2})$ 4.62,80
		$K_\nu(\sqrt{t})$ 9.59,98,99
		$K_\nu\left(\frac{1}{t}\right)$ 9.13,33,36
		ferner 9.106,107

$Ki_\nu(x)$	$=$	$\displaystyle\int_x^\infty \frac{K_\nu(\xi)}{\xi}\,d\xi$
		$Ki_\nu(t)$ 2.23 3.77,78

$kei_\nu(x)$	$=$	$\Im\,\frac{1}{i^\nu} K_\nu(x\sqrt{i})$
		$kei_\nu(t)$ 2.26 3.58,59

$ker_\nu(x)$	$=$	$\Re\,\frac{1}{i^\nu} K_\nu(x\sqrt{i})$
		$ker_\nu(t)$ 2.26 3.58,59

$\Lambda(k)$	$=$	$\begin{cases} \log p & \text{für } k=p^m \;(p=\text{Primzahl},\, m>0) \\ 0 & \text{für die übrigen } k>0 \end{cases}$
		(zahlentheoretische Funktion)

$\mathcal{L}_\nu(x)$	$=$	$\frac{1}{i^{\nu+1}}\mathfrak{H}_\nu(ix) = \sum_{k=0}^{\infty} \frac{\left(\frac{x}{2}\right)^{\nu+2k+1}}{\Gamma(k+\frac{3}{2})\,\Gamma(\nu+k+\frac{3}{2})}$ modifizierte Struvesche Funktion
		$\mathcal{L}_\nu(t)$ 3.5,53,63,69 11.28
		ferner 2.61,101

$L_n(x)$

$$\frac{e^t}{n!}\frac{d^n}{dx^n}\left(x^n e^{-x}\right) = 1 - \binom{n}{1}x + \binom{n}{2}x^2 - \binom{n}{3}x^3 + \cdots$$

Laguerresche Polynome (gewöhnl.)

$L_n(t)$ 1.58

$t^n L_n(t)$ 10.8

ferner   1.57   10.9

$L_\nu(x)$ =

$$\frac{e^{\frac{x}{2}}}{\sqrt{x}}\, M_{\nu+\frac{1}{2},\,0}(x) = {}_1F_1(-\nu;\,1;\,x) \qquad \text{\textbf{Laguerresche}}$$

Funktion

$L_n^{(a)}(x)$ =

$$\frac{e^x x^{-a}}{n!}\frac{d^n}{dx^n}\left(e^{-x}x^{n+a}\right) = \frac{(a+1)_n}{n!}\,{}_1F_1(-n,\,a+1,\,x)$$

mit $(a+1)_n = (a+1)(a+2)\cdots(a+n)$

Laguerresche Polynome (verallgemeinert)

siehe unter $L_n^{(\alpha)}(x)$

$L_\nu^{(\alpha)}(x)$ =

$$\frac{\Gamma(\alpha+\nu+1)}{\Gamma(\alpha+1)\Gamma(\nu+1)}\, x^{-\frac{\alpha+1}{2}}\, e^{\frac{x}{2}}\, M_{\frac{\alpha+1}{2}+\nu,\,\frac{\alpha}{2}}(x) = \frac{\Gamma(\alpha+\nu+1)}{\Gamma(\alpha+1)\Gamma(\nu+1)}\,{}_1F_1(-\nu,\,\alpha+1,\,x)$$

verallgemeinerte Laguerresche Funktionen

$t^\alpha L_n^{(\alpha)}(t)$ 2.92

ferner   2.79,85,91,95   8.36

$li(x)$ =

$$\int_0^x \frac{d\xi}{\log\xi} = Ei(\log x) \qquad \textbf{Integrallogarithmus}$$

siehe unter $Ei(x)$

$\log x$ =

natürlicher Logarithmus (Basis $e = 2{,}71828..$**)**

$\log t$ 3.22   7.3,4,8,9,14,15

$t^\nu \log t$ 3.28,32,54,73

$\log^\nu t$ 3.75,80–82

ferner   3.36,37,46–50,74   6.15–18,25   7.22,29,30–33,38–42

        14.4–6,25–27,35

$M_{\mu,\nu}(x)$ = $x^{\nu+\frac{1}{2}}\, e^{-\frac{x}{2}}\, {}_1F_1\left(\tfrac{1}{2}+\nu-\mu\,;\,2\nu+1\,;\,x\right)$

(konfluente hypergeometrische Funktion)

$vgl.$ $2.$ 74, 75, 104 $\quad 10.$ 4 $\quad 14.$ 14, 17

$n!$ = $1\cdot 2\cdot\;\cdots\;\cdot(n-1)\cdot n = \Gamma(n+1)$ **Fakultät**

$0! = 1$

$N_\nu(x)$ = $\dfrac{1}{\sin\nu\pi}\left[\cos\nu\pi\, J_\nu(x) - J_{-\nu}(x)\right] = Y_\nu(x)$

Besselfunktion 2. Art
Neumannsche Funktion

$N_0(t)$ $\quad 3.$ 60, 61

$N_\nu(t)$ $\quad 2.$ 27, 33, 70, 71

$N_\nu(\sqrt{t^2-b^2})$ $\quad 4.$ 19, 79, 81

$N_\nu(\sqrt{t})$ $\quad 9.$ 59, 75, 76, 98, 99

$N_{\mu,\nu}(x)$ = $\dfrac{x^{\nu-\frac{1}{2}}}{\Gamma(2\nu+1)}\, M_{\mu,\nu}(x)$ (konfluente hypergeometrische Funktion)

$N_{\mu,\nu}(t)$ $\quad 2.$ 78

$Ni_\nu(x)$ = $\displaystyle\int_x^\infty \dfrac{N_\nu(\xi)}{\xi}\, d\xi = Yi_\nu(x)$

$Ni_0(t)$ $\quad 3.$ 76, 79

$Ni_\nu(t)$ $\quad 2.$ 25

$\omega(x)$ = $\log\Gamma(x) - (x-\tfrac{1}{2})\log x + x - \log\sqrt{2\pi}$

Binetsche Funktion

$O_n(x)$ = $\dfrac{1}{2}\displaystyle\int_0^\infty e^{-x\xi}\left[(\xi+\sqrt{\xi^2+1})^n + (\xi-\sqrt{\xi^2-1})^n\right]d\xi \quad (\Re x>0)$

$= \dfrac{2^{n-1}n!}{x^{n+1}}\left[1+\dfrac{x^2}{2(2n-2)}+\dfrac{x^4}{2\cdot 4\,(2n-2)(2n-4)}+\cdots\right]$

Neumannsche Polynome

$P(x,\nu)$ = $\int_0^x e^{-\xi}\xi^{\nu-1}d\xi = \gamma(\nu,x)$

Prymsche P - Funktion
(unvollständige Gammafunktion)
$P(t,\nu)$ 1.55

$\Pi(x)$ = $\Gamma(x+1)$ *(siehe dieses)*

Gaußsche Bezeichnung der allgemeinen Fakultät (Pi - Funktion)

$\Phi(x)$ = $erf(x) = \frac{2}{\sqrt{\pi}}\int_0^x e^{-\xi^2}d\xi$ Fehler - Integral oder
Krampsche Funktion
siehe unter $erf(x)$

$\psi(x)$ = $\sum_{k \leq x}\Lambda(k)$, $x \geq 0$ (zahlentheoretische Funktion)

$\psi(e^t)$ 13.4 14.36

$\Psi(x)$ = $\frac{d}{dx}\log\Gamma(x) = \frac{\Gamma'(x)}{\Gamma(x)}$ Logarithmische Ableitung
der Gammafunktion

$\psi(x,y)$ = $\frac{x}{2\sqrt{\pi}\,y^{3/2}}e^{-\frac{x^2}{4y}}$ Funktion aus der Theorie
der Wärmeleitung

$\psi(x,t)$ **4.**1, $\psi(t,\beta)$ **8.**45
ferner **4.**36

$P_n(x)$ = $\frac{1}{2^n n!}\frac{d^n}{dx^n}(x^2-1)^n$ Legendresche Polynome 1.Art

---

$P_\nu(x)$ = $_2F_1(-\nu,\nu+1,1,\frac{1-x}{2})$ $|1-x| < 2$

Legendresche Funktion 1. Art

$P^m_\nu(x)$ = $(-1)^m (1-x^2)^{\frac{m}{2}} \dfrac{d^m}{dx^m} P_\nu(x) \qquad |x| \leqq 1$

$= (x^2-1)^{\frac{m}{2}} \dfrac{d^m}{dx^m} P_\nu(x) \qquad |x| > 1$

zugeordnete (Legendresche) Kugelfunktion
1. Art

$P^\mu_\nu(x)$ = $\dfrac{1}{\Gamma(1-\mu)} \left(\dfrac{x+1}{x-1}\right)^{\frac{\mu}{2}} {}_2F_1\left(-\nu, \nu+1; 1-\mu; \dfrac{1-x}{2}\right) \qquad |x-1| < 2$

zugeordnete (Legendresche) Kugelfunktion
1. Art

$vgl.\ 8.4\ 9.41$ Bem.: Für x reell und > 1 ist $\arg \dfrac{x+1}{x-1} = 0$

$Q(x,\nu)$ = $\displaystyle\int_x^\infty e^{-\xi} \xi^{\nu-1} d\xi$ Prymsche Q - Funktion (unvollständige Gammafunktion)

$Q(t,\nu)\ 1.55\ 6.24$

$Q_n(x)$ = $\dfrac{1}{2^n n!}\left[(x^2-1)^n \log\dfrac{x+1}{x-1}\right] - \log\sqrt{\dfrac{x+1}{x-1}}\, P_n(x) \qquad |x| > 1$

Legendresche Polynome 2. Art

$Q_\nu(x)$ = $\dfrac{\sqrt{\pi}\,\Gamma(\nu+1)}{2^{\nu+1}\,\Gamma(\nu+\frac{3}{2})} x^{-\nu-1} {}_2F_1\left(\dfrac{\nu}{2}+1, \dfrac{\nu+1}{2}, \nu+\dfrac{3}{2}, \dfrac{1}{x^2}\right) \qquad |x| > 1$

Legendresche Funktion 2. Art

$Q^m_\nu(x)$ = $(-1)^m (1-x^2)^{\frac{m}{2}} \dfrac{d^m}{dx^m} Q_\nu(x) \qquad |x| < 1$

$= (x^2-1)^{\frac{m}{2}} \dfrac{d^m}{dx^m} Q_\nu(x) \qquad |x| > 1$

zugeordnete (Legendresche) Kugelfunktion
2. Art

$Q^\mu_\nu(x)$ = $(-1)^\mu \dfrac{\sqrt{\pi}\,\Gamma(\nu+\mu+1)}{2^{\nu+1}\,\Gamma(\nu+\frac{3}{2})} (x^2-1)^{\frac{\mu}{2}} \dfrac{1}{x^{\mu+\nu+1}} {}_2F_1\left(\dfrac{\mu+\nu+2}{2}, \dfrac{\mu+\nu+1}{2}, \nu+\dfrac{3}{2}, \dfrac{1}{x^2}\right)$

$|x| > 1$

zugeordnete (Legendresche) Kugelfunktion
2. Art

$$Q^{\nu,\varrho}(x) \;=\; \sqrt{\pi}\, 2^{2\nu-1} \sum_{k=0}^{\infty} \frac{\Gamma(\varrho+2\nu+2k)}{k!\,\Gamma(\varrho+\nu+k+1)\,(2x)^{\varrho+2\nu+2k}}$$

Ultrasphärische Funktion 2.Art

$$\mathcal{Y}(x) \;=\; \int_{0}^{x} \sin\frac{\pi\xi^2}{2}\,d\xi \;=\; \frac{1}{2} - \sqrt{\frac{2}{\pi}}\,\mathcal{Y}^{*}\!\left(\sqrt{\frac{\pi}{2}}\,x\right) \qquad \textbf{Fresnelsches Integral}$$

$\mathcal{Y}(t)$ **7.** 25,27

$$\mathcal{Y}^{*}(x) \;=\; \int_{x}^{\infty} \sin\xi^2\,d\xi \;=\; \sqrt{\frac{\pi}{2}}\left[\frac{1}{2} - \mathcal{Y}\!\left(\sqrt{\frac{2}{\pi}}\,x\right)\right] \qquad \textbf{Fresnelsches Integral}$$

$$\mathcal{S}(x) \;=\; \sum_{k=0}^{\infty} \frac{(-1)^{k}\left(\frac{x}{2}\right)^{\nu+2k+1}}{\Gamma(k+\tfrac{3}{2})\,\Gamma(\nu+k+\tfrac{3}{2})} \;=\; \mathfrak{H}(x) \qquad \textbf{Struvesche Funktion}$$

siehe unter $\mathfrak{H}(x)$

$$S(\nu,x) \;=\; \int_{0}^{\infty} e^{-x\xi}\,\frac{d\xi}{(1+\xi)^{\nu}} \;=\; x^{\nu-1}\,e^{x} \int_{x}^{\infty} e^{-\xi}\,\xi^{-\nu}\,d\xi$$

Schlömilchs Funktion

$$\mathfrak{J}_1(x) \;=\; \frac{1}{3}\left(e^{-x} + e^{-\varepsilon x} + e^{-\varepsilon^2 x}\right)$$

$$\mathfrak{J}_2(x) \;=\; \frac{1}{3}\left(e^{-x} + \varepsilon e^{-\varepsilon x} + \varepsilon^2 e^{-\varepsilon^2 x}\right) \qquad \varepsilon^3 = 1$$

$$\mathfrak{J}_3(x) \;=\; \frac{1}{3}\left(e^{-x} + \varepsilon^2 e^{-\varepsilon x} + \varepsilon e^{-\varepsilon x}\right)$$

Sinus 3. Ordnung

$\mathfrak{J}_{1,2,3}(t)$ **1.** 14−16

$$S_n(x) \;=\; \int_{0}^{\infty} e^{-xu}\left[\left(u+\sqrt{u^2+1}\right)^{n} - \left(u-\sqrt{u^2+1}\right)^{n}\right]\frac{du}{\sqrt{u^2+1}}$$

Schläflis Polynom

$$S_{\mu,\nu}(x) = \frac{x^{\mu+1}}{(\mu+\nu+1)(\mu-\nu+1)}\,{}_1\mathfrak{F}_2\left(1;\frac{\mu+\nu+3}{2},\frac{\mu-\nu+3}{2};-\frac{x^2}{4}\right)$$

$$+\,2^{\mu-1}\frac{\Gamma\left(\frac{\mu+\nu+1}{2}\right)\Gamma\left(\frac{\mu-\nu+1}{2}\right)}{\sin\nu\pi}\left[\cos\left(\frac{\mu-\nu}{2}\pi\right)\mathfrak{y}_{-\nu}(x)-\cos\left(\frac{\mu+\nu}{2}\pi\right)\mathfrak{y}_{\nu}(x)\right]$$

Lommelsche Funktion

$$shi\,(x) = \int_0^x \frac{sh\,\xi}{\xi}\,d\xi = \mathcal{H}i\,x \qquad \text{hyperbolischer Integralsinus}$$

siehe unter $\mathcal{H}i\,(x)$

$$si\,(x) = -\int_x^\infty \frac{sin\,\xi}{\xi}\,d\xi \qquad \textbf{Integralsinus}$$

$si\,(t)$ **3.** 24

ferner   **3.** 35, 38, 40, 41, 44, 45

$$\mathcal{Si}\,(x) = \int_0^x \frac{sin\,\xi}{\xi}\,d\xi = \frac{\pi}{2} + si\,(x) \qquad \textbf{Integralsinus}$$

$\mathcal{Si}\,(t^2)$ **7.** 36, 37

$$\mathcal{H}i\,(x) = \int_0^x \frac{\mathcal{S}in\,\xi}{\xi}\,d\xi = shi\,(x) \qquad \textbf{hyperbolischer Integral-}$$
$$\textbf{sinus}$$

$\mathcal{H}i\,(t)$ **3.** 23

$$sin\,x = \frac{e^{ix}-e^{-ix}}{2i} \qquad \textbf{Sinus (Kreisfunktion)}$$

$sin\,t$ **1.** 9, 21, 30, 31, 35, 39, 43, 45   **3.** 34   **4.** 20, 21, 25, 28, 86–88   **5.** 7, 70

$sin\,\sqrt{t}$ **4.** 8, 18, 65

$sin\,\sqrt{t^2-b^2}$ **4.** 53, 59   **9.** 38

$sin\,t^2$ **7.** 19, 21, 34, 35   **8.** 40

$sin\,\frac{1}{t}$ **5.** 67

$t^\nu \sin t$ 1.40 50,53   2.1,19,96   3.2,8,17   5.26

$t^\nu \sin \sqrt{t}$ 8.2,18,19,26   9.66,67,69,71,92,93

$\sin^\nu t$ 1.46,59,61   3.14–16   4.91,93,95,97,99   6.28,29,31

ferner   1.26–28   3.10–13,35,36,38,42–46,52,74   4.19   5.13,68
  7.27   9.51,61   12.5–8   13.9   14.5

$\mathfrak{Sin}\, x$ = $\dfrac{e^x - e^{-x}}{2}$ hyperbolischer Sinus (Hyperbel - funktion)

$\mathfrak{Sin}\, t$ 1.8,30,32,34,38,42   4.30

$\mathfrak{Sin}\, \sqrt{t}$ 4.63   8.25   9.63–65,68,70,92,93

$\mathfrak{Sin}(\sqrt{t^2 - b^2})$ 4.52,57

$\mathfrak{Sin}^\nu t$ 1.60,62   4.101

$t^\nu \mathfrak{Sin}\, t$ 1.48,50,52   2.20,97   3.3,18,33

ferner   1.26–28,44   3.9,37,47,50   5.13   6.16,34,35
  9.9,19,21,25,29,89,104,107   13.3,6,10

$stei_\nu(x)$ = $\mathfrak{J}\, \mathfrak{H}_\nu(i\sqrt{i}\, x)$ ($\mathfrak{H}_\nu$ – Struvesche Funktion)

$ster_\nu(x)$ = $\mathfrak{R}\, \mathfrak{H}_\nu(i\sqrt{i}\, x)$ ($\mathfrak{H}_\nu$ – Struvesche Funktion)

$T_n(x)$ = $\cos(n \arccos x) = \dfrac{1}{2}\left[(x + i\sqrt{1-x^2})^n + (x - i\sqrt{1-x^2})^n\right]$

$= {}_2\mathfrak{F}_1(n, -n; \tfrac{1}{2}; \tfrac{1-x}{2})$

Tschebyscheffsches Polynom 1. Art

$T_n(e^{-t})$ 6.27

$T_a^{(n)}(x)$ = $\dfrac{(-1)^n}{\Gamma(\alpha + n + 1)}\, L_n^{(\alpha)}(x)$ Soninsche Polynome

$T_\alpha^{(n)}(t)$ 2.92

$\vartheta_0(v, x)$ = $\dfrac{1}{\sqrt{\pi x}} \displaystyle\sum_{k=-\infty}^{+\infty} e^{-\frac{1}{x}(v + \frac{1}{2} + k)^2} = 1 + 2 \sum_{k=1}^{\infty} (-1)^k e^{-\pi^2 k^2 x} \cos 2\pi k v$ Theta - Funktion

$\vartheta_0(0, t)$ 5.37

$\vartheta_0(v, t)$ 5.9,63

ferner   5.40,51

$$\vartheta_1(v,x) = \frac{1}{\sqrt{\pi x}}\sum_{k=-\infty}^{+\infty}(-1)^k e^{-\frac{1}{x}\left(v-\frac{1}{2}+k\right)^2} - 2\sum_{k=0}^{\infty}(-1)^k e^{-\pi^2 x\left(k+\frac{1}{2}\right)^2}\sin\pi(2k+1)v$$

Theta - Funktion

$\vartheta_1(v,t)$ 5.58

$ferner$ 5.28, 30, 39, 47, 52

$$\vartheta_2(v,x) = \frac{1}{\sqrt{\pi x}}\sum_{k=-\infty}^{+\infty}(-1)^k e^{-\frac{1}{x}(v+k)^2} = 2\sum_{k=0}^{\infty}e^{-\pi^2 x\left(k+\frac{1}{2}\right)^2}\cos\pi(2k+1)v$$

Theta - Funktion

$\vartheta_2(0,t)$ 5.8

$\vartheta_2(v,t)$ 5.61

$ferner$ 5.44

$$\vartheta_3(v,x) = \frac{1}{\sqrt{\pi x}}\sum_{k=-\infty}^{+\infty}e^{-\frac{1}{x}(v+k)^2} = 1 + 2\sum_{k=1}^{\infty}e^{-\pi^2 k^2 x}\cos 2\pi k v$$

Theta - Funktion

$\vartheta_3(0,t)$ 5.9

$\vartheta_3(v,t)$ 5.9, 65, 73

$ferner$ 5.45, 48

$$\widehat{\vartheta}_0(v,x) = \frac{1}{\sqrt{\pi x}}\left[\sum_{k=0}^{\infty}e^{-\frac{1}{x}\left(v+\frac{1}{2}+k\right)^2} - \sum_{k=-1}^{-\infty}e^{-\frac{1}{x}\left(v+\frac{1}{2}+k\right)^2}\right]$$

"modifizierte" Theta - Funktion

$\widehat{\vartheta}_0(v,t)$ 5.62

$ferner$ 5.29, 41, 49, 50

$$\widehat{\vartheta}_1(v,x) = \frac{1}{\sqrt{\pi x}}\left[\sum_{k=0}^{+\infty}(-1)^k e^{-\frac{1}{x}\left(v-\frac{1}{2}+k\right)^2} - \sum_{k=-1}^{-\infty}(-1)^k e^{-\frac{1}{x}\left(v-\frac{1}{2}+k\right)^2}\right]$$

"modifizierte" Theta - Funktion

$\widehat{\vartheta}_1(v,t)$ 5.64

$ferner$ 5.38, 46, 53

$$\hat{\vartheta}_2(v,x) = \frac{1}{\sqrt{\pi x}}\left[\sum_{k=0}^{\infty}(-1)^k e^{-\frac{1}{x}(v+k)^2} - \sum_{k=-1}^{-\infty}(-1)^k e^{-\frac{1}{x}(v+k)^2}\right]$$

"modifizierte" Theta - Funktion

$\hat{\vartheta}_2(v,t)$ 5.59, $\hat{\vartheta}_2(\tfrac{1}{2},t)$ 5.38

ferner 5.1,43

$$\hat{\vartheta}_3(v,x) = \frac{1}{\sqrt{\pi x}}\left[\sum_{k=0}^{\infty}e^{-\frac{1}{x}(v+k)^2} - \sum_{k=-1}^{-\infty}e^{-\frac{1}{x}(v+k)^2}\right]$$

"modifizierte" Theta - Funktion

$\hat{\vartheta}_3(v,t)$ 5.60

ferner 5.42,50

Treppenfunktionen (horizontale Einzelteile)
4.7,11,83-85 5.6,7,31-33,54,55 12.9-11 14.30,31
Funktionen mit gradlinigen Einzelteilen
4.14,15 5.34,35,56,57 12.3

$$U(\alpha,x) = \frac{1}{\sqrt{\pi x}}\left[1 + 2\sum_{k=1}^{\infty}e^{-2k\alpha - \frac{k^2}{x}}\right] \qquad \mathcal{R}x > 0$$

Verallgemeinerung der Thetanullfunktion
Für $\alpha = 0$ bzw. $-\frac{\pi}{2}i$ wird $U(\alpha,x) = \vartheta_3(0,x)$ bzw. $= \vartheta_2(qx)$

$U(\alpha,t)$ 5.1,14

$$U_n(x) = \sin(n\,\mathrm{arc}\,\cos x) = \frac{1}{2i}\left[(x + i\sqrt{1-x^2})^n - (x - i\sqrt{1-x^2})^n\right]$$

Tschebyscheffsches Polynom 2.Art

$W_{\mu,\nu}(x)$ = $\dfrac{\Gamma(-2\nu)}{\Gamma(\frac{1}{2}-\mu-\nu)} M_{\mu,\nu}(x) + \dfrac{\Gamma(2\nu)}{\Gamma(\frac{1}{2}-\mu+\nu)} M_{\mu,-\nu}(x)$

Whittakersche Funktion

(konfluente hypergeometrische Funktion)

$t^{\kappa} W_{\mu,\nu}(t)$ 2. 103 10. 7

ferner 14. 12

$[x]$ = n *für* $n \leqq x < n+1$

$[t]$ 4. 83 14. 3

$[\sqrt{t}]$ 12. 10, 11

$Y_{\nu}(x)$ = $\dfrac{1}{\sin \nu \pi} \left[\cos \nu \pi \, J_{\nu}(x) - J_{-\nu}(x) \right] = N_{\nu}(x)$

Besselfunktion 2. Art

Neumannsche Funktion

siehe unter $N_{\nu}(x)$

$Yi_{\nu}(x)$ = $\displaystyle\int_{x}^{\infty} \dfrac{Y(\xi)}{\xi} d\xi = Ni_{\nu}(x)$

Besselsche Integralfunktion 2. Art

Neumannsche Integralfunktion

siehe unter $Ni_{\nu}(x)$

$\zeta(x)$ = $\displaystyle\sum_{k=1}^{\infty} \dfrac{1}{k^{x}}$

Riemannsche Zetafunktion

$\zeta(\nu,x)$ = $\displaystyle\sum_{k=0}^{\infty} \dfrac{1}{(x+k)^{\nu}}$, $R\nu > 1$

verallgemeinerte Riemannsche Zetafunktion

Druckfehlerberichtigungen

zu D o e t s c h , Tabellen zur Laplace-Transformation

S. 58,		Zeile 11:	statt Ableitung lies Anleitung.
S. 81,	Nr. 4,	Spalte f [s]:	statt $\log |\alpha|$ lies $\log \alpha$.
		Spalte K. A.:	statt $\log \alpha$ lies $\log |\alpha|$.
S. 88,	Nr. 16.	Spalte F [t]:	statt $J_0\left(\sqrt{\beta-\frac{\alpha^2}{4}}\,t\right)$ lies $J_0\left(\sqrt{\beta-\frac{\alpha^2}{4}}\,t\right)$.
S. 97:			Im Tabellenkopf ergänze links Nr. und rechts K. A.
S. 109,	Nr. 51,	Spalte F [t]:	füge am Schluß der Formel] hinzu.
S. 123,	Nr. 9,	Spalte f [s]:	statt $a < b$ lies $1 \leqq a < b$.